自然息图

信息图

[法]卡米耶·朱佐——著

[法]摩根·雷比拉

[法]科兰·卡拉代克——绘

西希——译

PHÉNOMÈNES

CAMILLE JUZEAU

MORGANE RÉBULARD & COLIN CARADEC

北京联合出版公司

Beijing United Publishing Co.,Ltd.

序言

有一点毋庸置疑：尽管身为一名科学家，但我不得不承认，你即将翻阅的这本书中有我原先一无所知的概念——至少是一部分。这种惊喜在我内心深处激起了两种鲜少并存的感受：一是热情，因为我珍视每一个学习的机会，尤其是理解事物的机会；二是谦卑，因为我意识到还有很多东西等待我去发现。

本书作者究竟是如何完成这一壮举的？当然，除了大量的信息整理工作，还要归功于他们绝妙的想法：将清晰的图像与精确的文字结合起来。通过巧妙地谋篇布局，力图涵盖广泛的主题——从最具体的事物到最抽象的概念。这种科普效果是如此卓绝，似乎表明我们对事物的理解不一定优先要用语言来阐释，以及这样的努力可以达到何种程度：为了启迪思考，我们既需要文字，也需要图表和插画，后者阐释前者，反之亦然。

无论是先看再读，还是先读再看，我们都能从中享受智识的愉悦。

艾蒂安·克莱因
物理学家和科学哲学家

前言

　　根茎是没有中心的。它们在地下朝着各个方向生长，形态各异，不知起于何处，无谓终于何端，也无层级之分。本书即采用这种编排方式，与根茎的特点遥相呼应，薄薄一本书，既有令人啧啧称奇的蜗牛壳，也有令人叹为观止的恒星。

　　本书仰赖当代科学研究，帮助我们理解未来。它将主题与形式相结合，用诗意的视觉方法呈现知识，每一页都是一扇打开新世界的窗口，它们由于太小、太大或者太复杂而不曾为我们所见。

　　我们的目的是借助图像揭开这些秘密的面纱。全书主要由六大主题构成——当然也涉及其他主题，本书为"制图"（graphisme）一词赋予了新的含义，其希腊语词根（graphô）具有写作和绘画的双重含义。

　　这些自然现象的原理，譬如岩浆、云彩或潮汐，展现了一段在寰宇之中，在浮游生物、比特和原子之间的漫游之旅。

卡米耶、摩根和科兰

动物的脚印

哺乳动物的脚印

鸟类的脚印

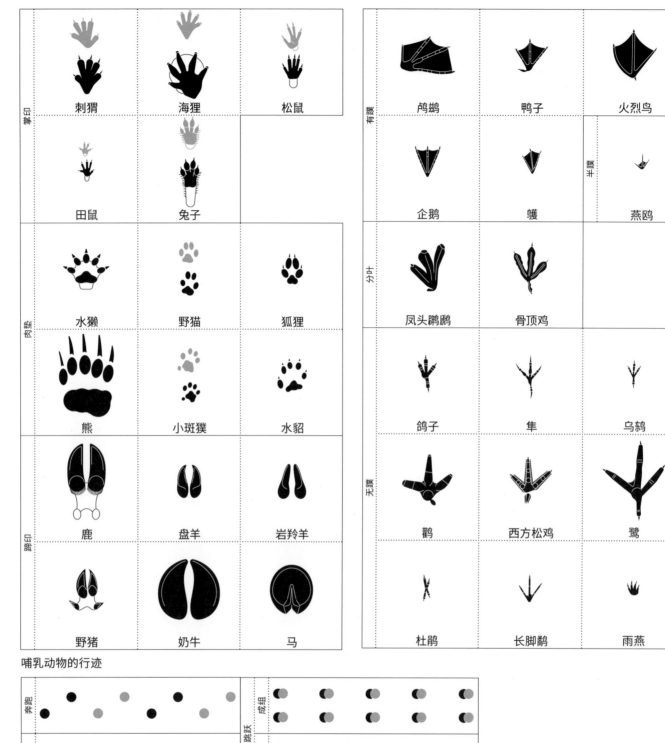

哺乳动物的行迹

● 前掌
● 后掌
或未分化的腿

　　大多数野生动物生活在人类视线之外：它们在夜间活动，出没于人类难以企及的地方。尽管无法被"看见"，但我们还是能够通过观察一些线索来了解它们的行踪，例如粪便的温度（No.74）、树木上的划痕、被毁坏的苔藓、食物残渣或松软土地上的脚印。为了找出脚印的主人，我们首先需要确定动物所属的类别（哺乳纲还是鸟纲），然后再根据脚趾的数量、脚印的形状和大小确定其种类，而动物奔跑、行走或跳跃的行迹可以用来判断它们的年龄、性别甚至健康状态。在《动物踪迹》（*Pister les créatures fabuleuses*）中，哲学家巴蒂斯特·莫里佐（Baptiste Morizot）描述道："我们穿行在雪林中寻找线索，探索狼群可能感兴趣的山口和山坡，最后我们在雪地上发现了一串足迹：犬科动物的脚印。这个脚印非常大，不可能是狐狸的。狗的爪子非常圆，'脚趾'向外张开。而狼的爪子不是圆形更像是菱形，'脚趾'指向前方。追踪是警察最初的调查形式。"

指纹

弓形

帐弓形

左箕形

右箕形

双箕斗

混合形

螺形斗

环形斗

━ 数字设计系列

𓏢 三角点：
a. 闭合型
b. 开放型
c. 三叉型

● 细节特征点：
1. 端点
2. 湖
3. 桥
4. 交叉点
5. 分叉点
6. 双分叉
7. 钩
8. 岛

侧边　中心　侧边

顶部

乳头嵴

中心

底部

当胎儿发育到第 24 周时，手指的纹路会因皮肤褶皱而定型。指纹是人类个体独一无二且伴随一生的特征。割伤、烧伤等创伤不会影响指纹，伤口愈合后，乳头嵴[1]也会恢复原状。因此，指纹的这种特性使之成为通过生物识别个体身份的有效工具，常被应用于法医学和犯罪学中。除指纹外，人类足底和手掌的纹路也是由乳头嵴形成的。

指纹可以分成四个区域：底部、顶部、侧边和中心。中心区的图案可以用来判断指纹所属的大类：弓形、帐弓形、左箕形、右箕形、双箕斗、螺形斗、环形斗、混合形。分析指纹首先观察这些区域存在的三角点，看是三叉型、开放型还是闭合型。更精确的分析需要考察指纹的细节特征点。它们各不相同，较常见的包括端点、岛、交叉点、分叉点、双分叉、湖、钩和桥。

1　人类真皮表面形成的乳头状褶皱，也叫"真皮嵴"。——编者注

陨石的诞生

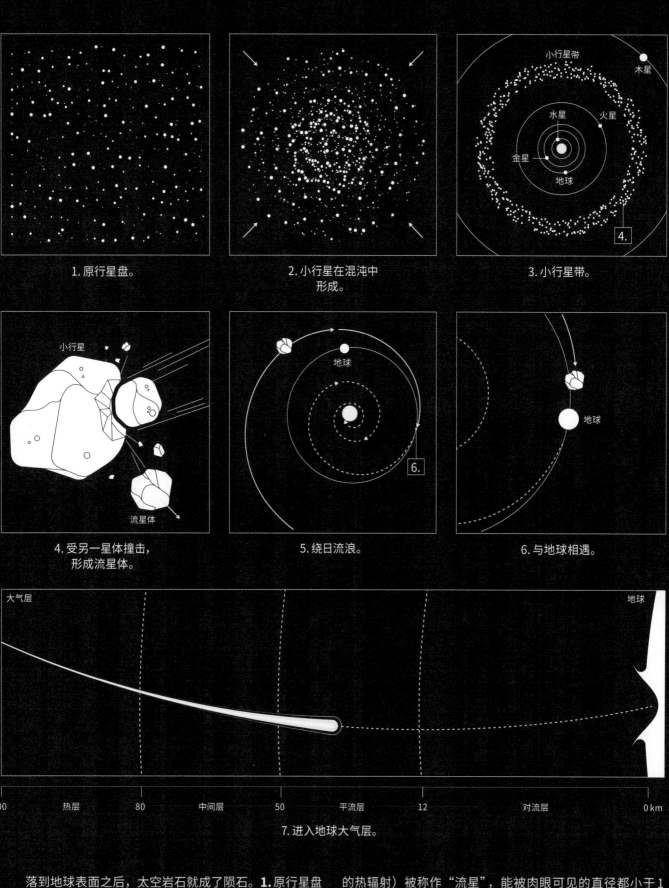

1. 原行星盘。

2. 小行星在混沌中
形成。

3. 小行星带。

小行星带
木星
水星 火星
金星
地球
4.

小行星
流星体

4. 受另一星体撞击，
形成流星体。

地球
6.

5. 绕日流浪。

地球

6. 与地球相遇。

大气层
地球

热层　80　中间层　50　平流层　12　对流层　0 km

7. 进入地球大气层。

　　落到地球表面之后，太空岩石就成了陨石。**1.** 原行星盘由气体和尘埃组成，围绕着原恒星——太阳和太阳系其他天体的祖先运行。**2.** 在原行星盘中形成的球粒大小在毫米之间，它们混合在一起形成小行星。**3.** 位于火星和木星之间的小行星带汇聚着几百万颗小行星，小如尘粒，大如微行星。**4.** 受到撞击后，流星体脱离小行星带。**5.** 流星体绕着太阳旋转了几千万年。**6.** 如果地球正好位于其所在轨道，流星体就会进入地球大气层。**7.** 流星体坠落时产生的光迹（压缩空气的热辐射）被称作"流星"，能被肉眼可见的直径都小于1厘米。中等大小的流星体在坠落时受大气层摩擦，并在距地球约20千米的高度上消亡。体积较大的流星体（直径约10米以上）穿越大气层后留下残体。残体继续高速自由落体，落到地面并在地表留下陨石坑。这些坠落于地面、以石质为主的陨星残体被我们叫作"陨石"。

森林超级大火

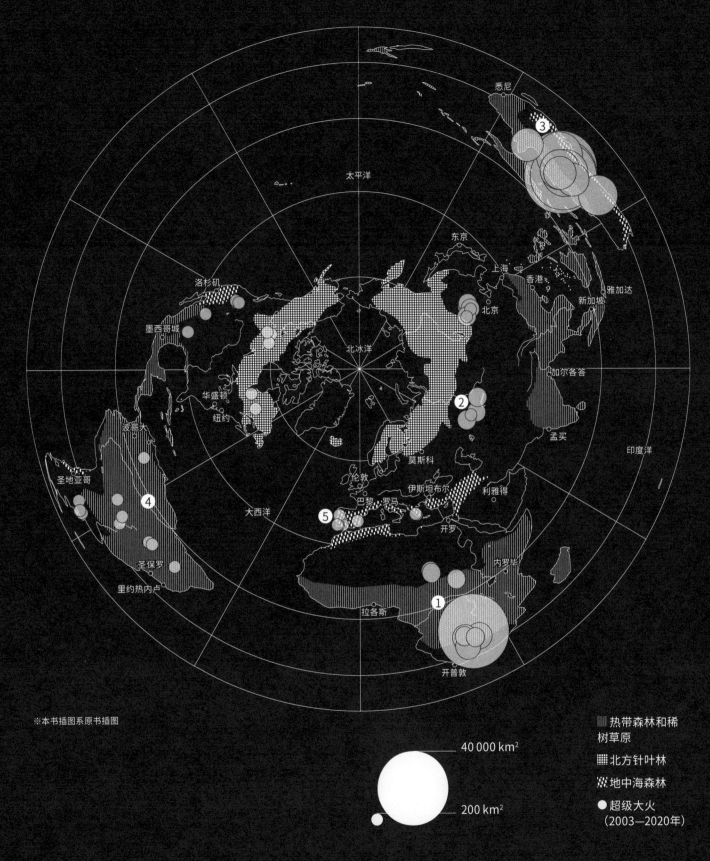

40 000 km²

200 km²

||| 热带森林和稀树草原

||| 北方针叶林

|||| 地中海森林

● 超级大火
（2003—2020年）

※本书插图系原书插图

　　地球上的火灾一直在发生：自然大火在灌木丛中蔓延，使植被再生。而人类自史前时代就开始刀耕火种，这种耕作方法经久不衰但已变得边缘化。如今，受气候变化影响，出现了在走势和程度上都很特殊的"超级大火"。它们可大可小，对经济和人类都造成了前所未有的影响，有人甚至把现在称为"火新世"，即火焰时代。**1.** 非洲（每年）焚烧面积：4 230 000平方千米，二氧化碳排放量：1 440兆吨，成因：刀耕火种。**2.** 西伯利亚（2020年）焚烧面积：92 600平方千米，二氧化碳排放量：59兆吨，成因：极端温度。**3.** 澳大利亚（2019年）焚烧面积：186 000平方千米，二氧化碳排放量：715兆吨，成因：干旱和闪电。**4.** 亚马孙地区（2019年）焚烧面积：9 060平方千米，二氧化碳排放量：400兆吨，成因：森林减少和刀耕火种。**5.** 葡萄牙（2003年）焚烧面积：4 249平方千米，二氧化碳排放量：7.39兆吨，成因：农村人口外流。

蜗牛壳

螺壳的结构

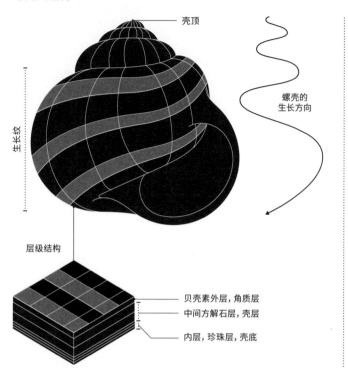

壳顶

生长纹

层级结构

螺壳的生长方向

贝壳素外层，角质层
中间方解石层，壳层
内层，珍珠层，壳底

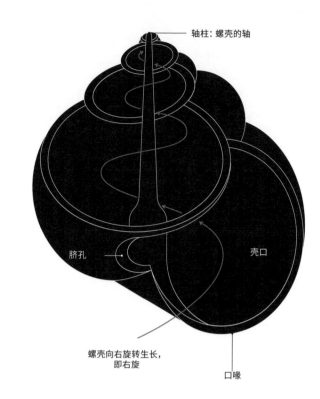

轴柱：螺壳的轴

脐孔

壳口

螺壳向右旋转生长，
即右旋

口喙

肺螺剖面图

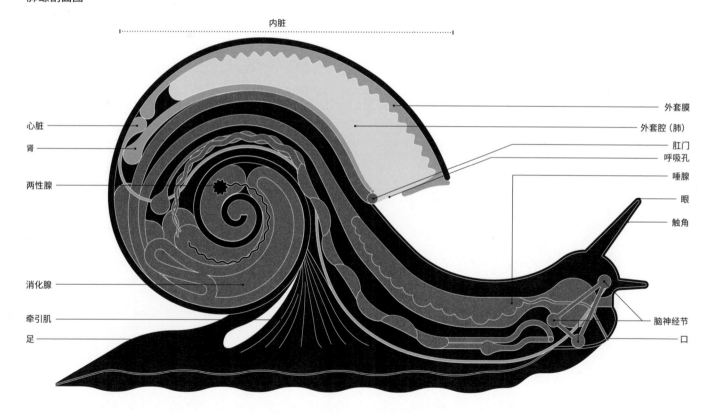

内脏

心脏
肾
两性腺

消化腺

牵引肌
足

外套膜
外套腔（肺）
肛门
呼吸孔
唾腺
眼
触角

脑神经节
口

"一个毫不起眼的软体动物，按照著名的被称为对数螺线的曲线定律，把它的甲壳盘卷起来……蜗牛是如何运用曲线定律来建造螺旋坡道的呢……它是单独、孤立、安静的，什么也不用顾及……"就像博物学家让－亨利·法布尔在《昆虫记》中描述的那样，许多科学家都被蜗牛壳精巧的结构所吸引。

蜗牛的壳约占体重的30%。螺壳沿外缘生长，起初薄而软，成年之后变得坚硬。螺壳的生长也不是连续的，在冬季或旱季会停止生长。若壳顶没有受伤，蜗牛壳可以自我再生和修复：珍珠层分泌的碳酸钙可以填补裂缝。大多数腹足类动物的螺壳旋向朝右，少数物种的螺壳为左旋。2015年出生的杰里米蜗牛是一只基因突变的左旋蜗牛。为了找到一只能够与之交配的蜗牛，人们在全世界发出呼吁，它因此而出名。在进化过程中，腹足类动物的内脏顺着螺壳旋转的方向扭转，从而形成不对称的身体结构。

移动的房屋

1. 便携式小屋
南非, 史前时代

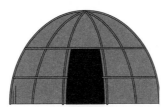

2. 棚屋
火地岛, 史前时代

3. 帐篷
撒哈拉, 公元前7000年

4. 浮屋
越南, 公元前5000年

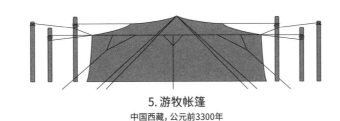

5. 游牧帐篷
中国西藏, 公元前3300年

6. 巴瑶人居住的海上房屋
印度尼西亚, 公元前12世纪

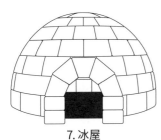

7. 冰屋
加拿大/格陵兰岛, 公元前1000年

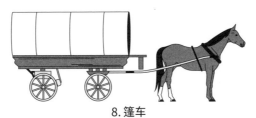

8. 篷车
爱尔兰, 中世纪

9. 联合湖畔船屋
美国, 19世纪末

10. Bourlinguette房车
法国, 1903年

11. Nomad房车
美国, 1923年

12. 大众威斯特伐利亚露营车
德国, 1950年

13. 袖珍屋
美国/欧洲, 1999年

　　尽管人类自新石器时代起就开始了定居生活, 但在世界上许多地区, 移动式房屋仍然存在。人类在度假或远行时, 也会选择可移动房屋。

　　最早的可移动房屋是茅屋 (**1, 2**), 由树枝、泥土、茅草或骨头快速搭建而成。过去的帐篷 (**3, 5**) 由兽皮制成, 是棚屋的可移动衍生版, 中国西藏和撒哈拉地区的牧民至今仍在使用。水上房屋 (**4, 6, 9**) 起源于亚洲。极地地区的猎人在捕猎时使用的冰屋 (**7**) 是一种隔热性很强的建筑物。对旅人来说, 除了篷车 (**8**) 之外, 鞍马或马车也具有重要的象征意义。房车和露营车 (**10, 11, 12**) 首次于1903年出现在法国, 在德国、意大利和法国这三个国家都很受欢迎。由杰伊・谢弗 (Jay Shafer) 和格雷戈里・约翰逊 (Gregory Johnson) 设计建造的车轮上的袖珍屋 (**13**) 在2005年被用于安置卡特里娜飓风灾民, 并在金融危机期间 (2007—2008年) 大受欢迎。

第一棵树

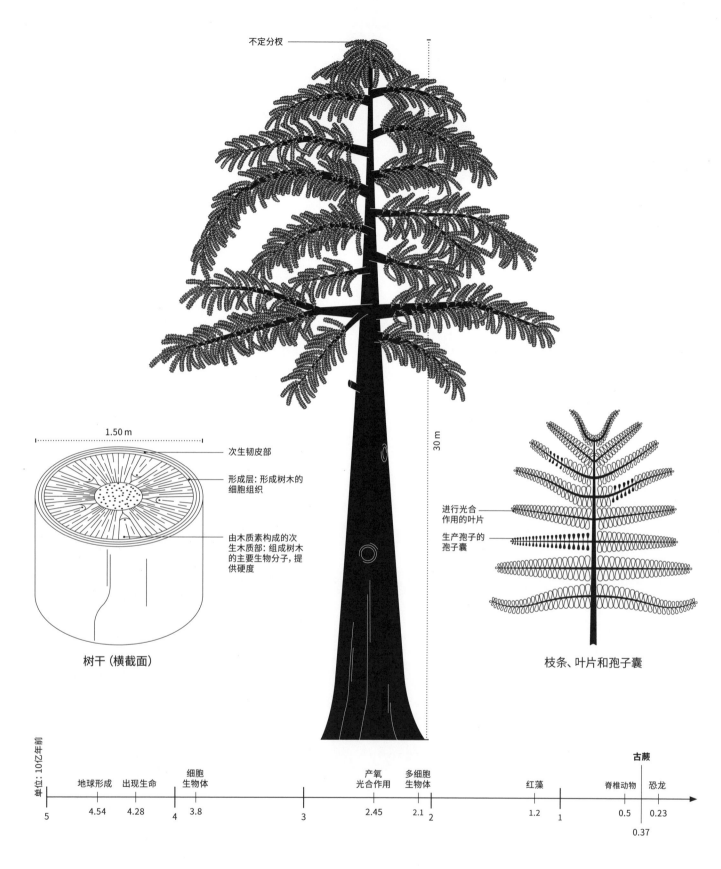

不定分权

1.50 m

次生韧皮部

形成层: 形成树木的细胞组织

由木质素构成的次生木质部: 组成树木的主要生物分子, 提供硬度

30 m

树干(横截面)

进行光合作用的叶片

生产孢子的孢子囊

枝条、叶片和孢子囊

恐龙: 10亿年前

											古蕨	
地球形成	出现生命	细胞生物体			产氧光合作用	多细胞生物体		红藻		脊椎动物		恐龙
5	4.54	4.28	4	3.8	3	2.45	2.1	2	1.2	1	0.5	0.37	0.23

古蕨是一种只能通过化石（No.100）来了解的树。对它的首次描述见于19世纪，它的某些特征——粗大的树桩或树干——令科学家无法将它恰当地分类。它呈现出许多与现有树木类似的形态解剖特征，因此被视为第一棵现代意义上的树。古蕨在演化方面有着显著的突破：两种大小相异的孢子、真叶和双面形成层。后者用于形成传输树液和树木生长的两种组织。古蕨朝三个方向生长，使树叶尽可能地接受日照，充分进行光合作用。古蕨十分高大（可长至40米），它

的叶片与蕨类植物近似，而树干与球果植物相仿，很快就遍及全球，成为当时（约4亿年前的泥盆纪）辽阔森林里的主宰。然而，在同一时期，另外两类植物也逐渐具备了树的特征，一类是具有线状单脉叶片的石松；另一类是与蕨类植物有关的枝蕨。

瑜伽文献史

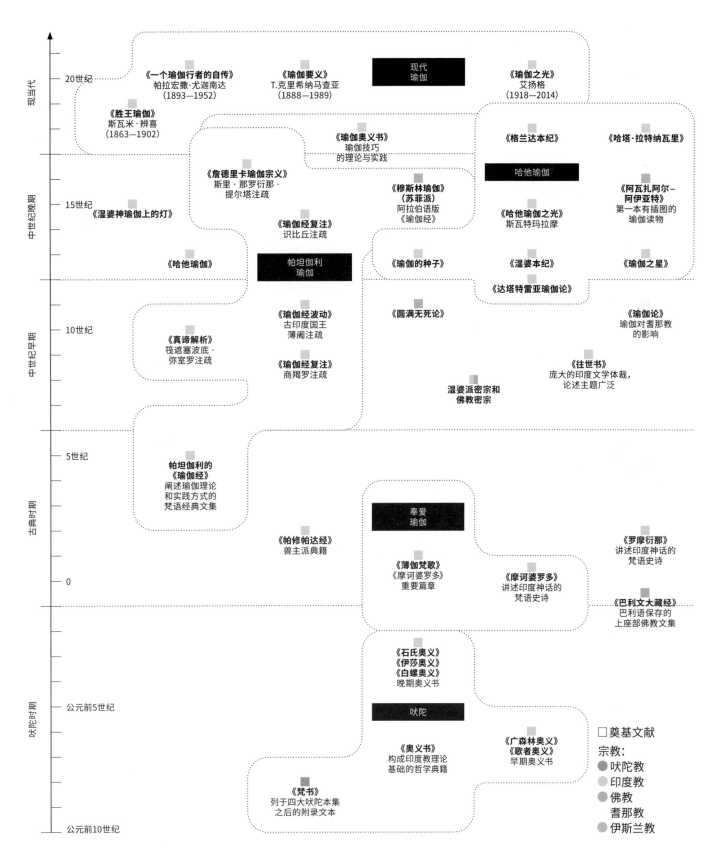

如今，从亚洲最边缘的角落到中东、非洲、美洲乃至欧洲，瑜伽在全球范围内大获成功。"瑜伽"一词由来已久，但它的意义和用法多种多样。公元前5世纪左右，该词最早出现在吠陀文献《奥义书》中，用来指代一种特殊的精神状态以及达到这种状态的过程和方法。后来，在印度人最为尊崇的宗教典籍《薄伽梵歌》中，描述了一种通过与至尊主结合而献身的瑜伽"奉爱瑜伽"。帕坦伽利在《瑜伽经》中提出了瑜伽的八个阶段（八支分法），经由此才能"停止心灵的波动"，引发了无数的讨论。到了中世纪，起源不同的苦行传统交织在一起，形成了"哈他瑜伽"。它运用特定的能量技巧（包括体位姿势和呼吸变化）进入冥想状态。19世纪，哈他瑜伽与欧洲健身操融合，从中诞生了"现代瑜伽"，染上了西方色彩。如今，瑜伽以前所未有的姿态占据了现代社会及其消费主义的重要位置。

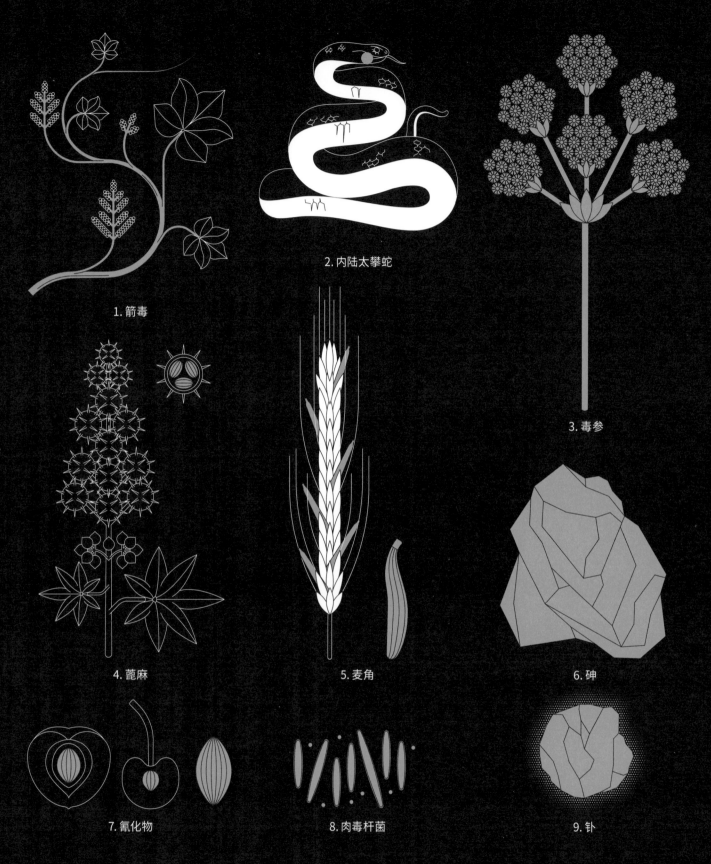

1. 箭毒

2. 内陆太攀蛇

3. 毒参

4. 蓖麻

5. 麦角

6. 砷

7. 氰化物

8. 肉毒杆菌

9. 钋

No.9

　　无论是来自植物、矿物还是动物，毒物在自然界中几乎随处可见。**1.**箭毒提取自亚马孙热带雨林中的藤蔓植物，有时还会与蚂蚁、青蛙或蛇分泌的毒液混合。**2.**一条内陆太攀蛇（澳大利亚）分泌的毒液可杀死125人。**3.**毒参的外形很像野生胡萝卜、芹菜或欧芹，但它的气味类似鼠尿，仿佛某种警告。古希腊曾用它来处死犯人。**4.**3颗蓖麻籽就能使儿童死亡，6～8颗则是一个成年人的致死量。**5.**中世纪时，人类若食用了感染麦角（一种微型真菌）的谷物就会患上"热病"（谵妄、发烧、四肢变黑，有时甚至死亡）。**6.**砷是一种从矿石中提取的毒素，无色无味。路易十四时期的毒药事件中就出现过砷。**7.**氰化物是纳粹集中营使用的气体齐克隆B的主要成分，它天然存在于樱桃核、杏核和苹果籽中。**8.**肉毒杆菌是一种细菌毒素，可滋生于保存不当的食品中。**9.**2006年，原俄罗斯特工亚历山大·利特维年科（Alexandre Litvinenko）被从铀中提取出的放射性元素钋毒死。

不死的水母

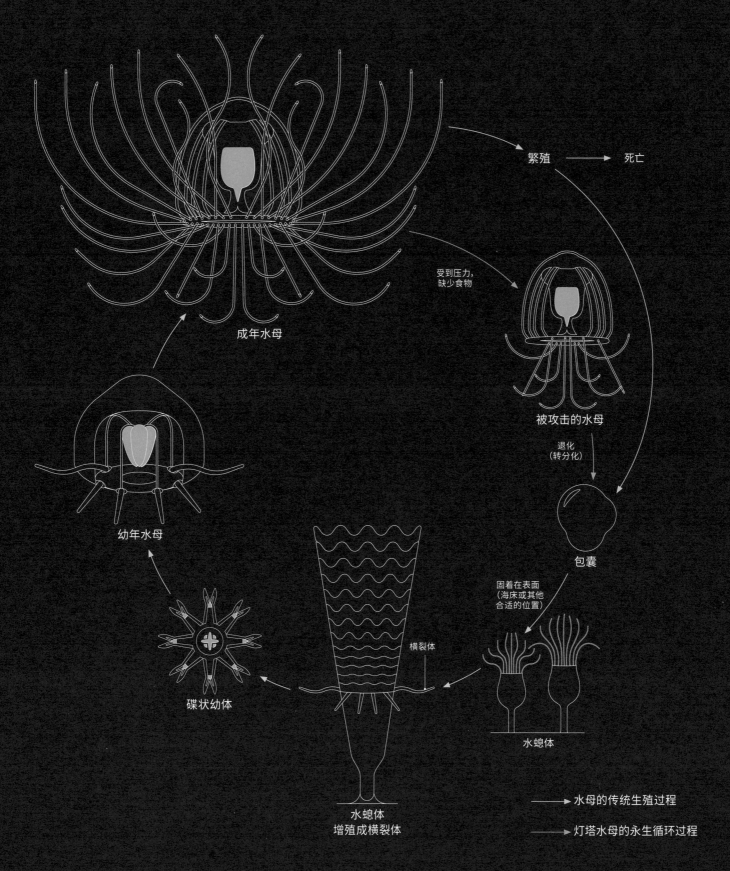

繁殖 —— 死亡

受到压力，
缺少食物

成年水母

被攻击的水母

退化
（转分化）

包囊

幼年水母

固着在表面
（海床或其他
合适的位置）

横裂体

碟状幼体

水螅体

水螅体
增殖成横裂体

—— 水母的传统生殖过程

—— 灯塔水母的永生循环过程

　　生活在加勒比海区域的灯塔水母被发现于 1857 年，拥有惊人的"返老还童"能力。全世界唯一的灯塔水母圈养种群在日本。在没有团队和经费的情况下，京都大学的海洋生物学研究员久保田信在他位于白滨的办公室里独自工作了 15年。他的小冰箱里，存放了约 100 个水母的培养皿。他给小水母（体长 4～5 厘米）喂食干燥的盐卤虾卵，还借助针和显微镜把虾卵切开，以便摄取。为了测试水母的再生能力，他用刀将它们刺伤。两天后，被攻击的水母将触手收回。四天后，在"转分化"过程结束时，水母退化成了包囊，就像久保田信所称的"肉球"。七天后，固着在培养皿底部的触手又开始生长：包囊重新变成幼体。通过这些实验，久保田信希望能解开灯塔水母的秘密，有朝一日将其用在人类身上。

石油的形成

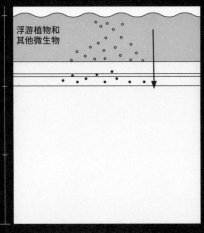

1. 有机物在海洋土壤中沉积并被吸收。

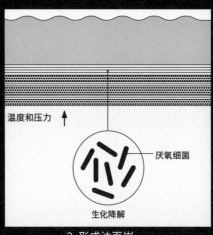

2. 形成油页岩。

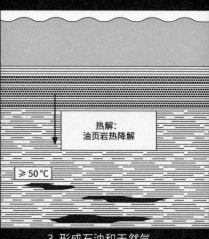

3. 形成石油和天然气。

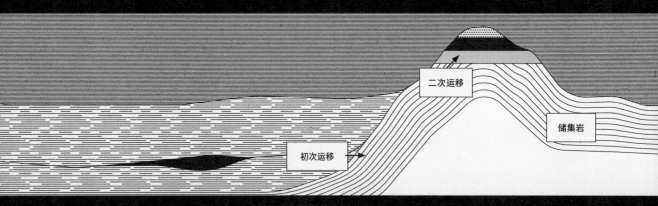

4. 板块运动和石油向地表运移。

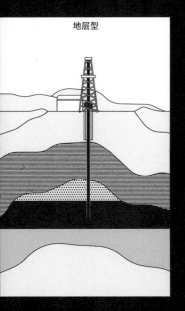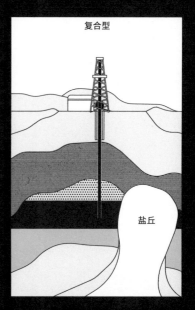

5. 不同的油气田类型。

图例：
- ● 水
- ● 天然气
- ● 油页岩
- ● 石油
- ● 盖层（防水）
- ● 母岩

数千万年来，有机物——以浮游生物的残骸为主——不断在海底沉积，并沉入地下（**1**）。有机物层层堆积，转化为油页岩（**2**），接着经热解形成石油和天然气（**3**）。在板块构造作用下，石油从其形成的母岩中离开（初次运移），然后上升至海面（二次运移）（**4**）。在这个过程中，石油可能会聚集在多孔、渗透性强的储集岩层中——也是实际钻探之处（**5**）。天然气也是如此。大多数油气田都有一个凸起的岩石褶皱结构，称为"背斜"，属地层型。此外，还有构造型

和复合型（被盐丘或珊瑚礁化石穿过的油田）。

与石油漫长的形成过程（数千万年）相比，人类的石油开采技术却越来越先进。石油是国际原材料市场中数量最多和价值最高的贸易对象，但近年来，它的储量趋于耗竭：新探明的储量为 1980 年峰值以来的最低水平。

太空污染

表面碎片

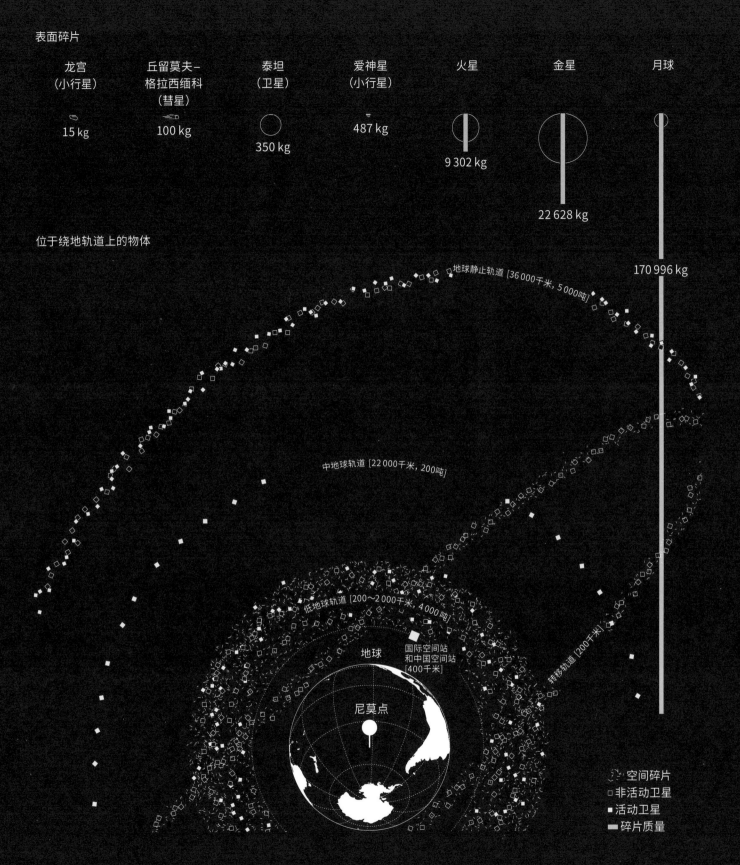

龙宫 （小行星）	丘留莫夫– 格拉西缅科 （彗星）	泰坦 （卫星）	爱神星 （小行星）	火星	金星	月球
15 kg	100 kg	350 kg	487 kg	9 302 kg	22 628 kg	170 996 kg

位于绕地轨道上的物体

地球静止轨道 [36 000千米，5 000吨]

中地球轨道 [22 000千米，200吨]

低地球轨道 [200~2 000千米，4 000吨]

国际空间站
和中国空间站
[400千米]

转移轨道 [200千米]

地球

尼莫点

空间碎片
非活动卫星
活动卫星
碎片质量

No.12

目前，大约有9 000吨的人造物体围绕地球运行，每3天就有1～2吨回到大气层。而那些或在其他天体表面，或飘浮在太空中的碎片，包括宇航员在修理过程中丢失的仪器、发动机、火箭末级、非活动卫星等，都构成了"太空垃圾"，污染着太空环境。1978年，美国国家航空航天局（NASA）的研究员唐纳德·J.凯斯勒（Donald J. Kessler）模拟了这样一种情境：如果太空碎片的数量超过某个阈值，太空探索和卫星发射就会因碰撞风险变得过于危险。即使大部分坠落的碎片在穿越大气层时会被汽化，但仍有约20%会残留。太平洋上的尼莫点是距离任意陆地表面最远的海洋区域，各国航天机构都将其作为太空碎片停用后的坠落地。2019年，这片"墓地"已经收容了约300个航天器，包括苏联的"和平号"空间站（120吨）。而在其他行星上，因我们寻找地外生命而被遗弃的漫游车和探测器也污染了其所在天体。

被淹没的城市

1. 与那国岛建筑遗迹（日本）
东海
与那国岛
菲律宾海
5 km
☁ −30 m

2. 托尼斯−赫拉克利翁（埃及）
地中海
阿布基尔
5 km
◎ −45 m

3. 安大略消失的村落（加拿大）
康沃尔
马塞纳
圣劳伦斯河
5 km
❀ −15 m

4. 亚特利特雅姆古村落（以色列）
地中海
海法
亚特利特
5 km
◎ −12～−8 m

5. 圣罗马镇（西班牙）
萨乌水库
圣罗马镇
5 km
❀ −10～−5 m

6. 罗亚尔港（牙买加）
罗亚尔港
加勒比海
2 km
◎ −3 m

7. 埃佩昆度假村（阿根廷）
埃佩昆湖
5 km
☁ −10 m

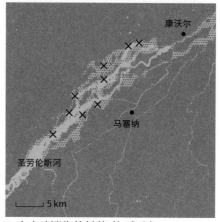

陆地表面
被淹没的土地
以前被淹没的土地
× 被淹没的城市

水位上升的原因：
☁ 气候
❀ 水电
◎ 地震

柏拉图笔下的亚特兰蒂斯是一座因宙斯的怒火而沉没的理想城市，这座岛屿的沉没至今依然是个谜。考古学家已经对被淹没的真实城市进行编目。**1.** 与那国岛的水下结构可能是一座有着 2 000 多年历史的寺庙或坟墓。**2.** 552 个锚，64 只沉船和尼罗河之神哈比的巨大雕像，都证明了托尼斯−赫拉克利翁贸易港的影响力。它后来毁于地震和火山喷发，在公元 8 世纪末完全沉没。**3.** 1958 年，为建立连接大西洋和五大湖的圣劳伦斯海路，加拿大安大略省的 10 座村庄被大水吞噬，6 500 名居民居无定所。**4.** 亚特利特雅姆是一座新石器时代的村庄，我们可以在那里找到水井、人类遗迹和太阳历。**5.** 只有圣罗马镇的钟楼才能穿透 1962 年建造的萨乌人工湖的湖面。**6.** 17 世纪的罗亚尔港是所有加勒比海盗的贸易港和大本营，却被淹没于 1692 年的一场地震。**7.** 埃佩昆度假村建于 1920 年，曾经吸引了众多贵族和中产阶级前去度假。1985 年，一场洪水将其淹没。随着洪水逐渐退去，留下一片被盐碱化的废墟。

动物的死亡仪式

死亡当日	死亡仪式	仪式结束

1. 黑猩猩母亲面对其子济马托（Jimato）和维维（Veve）死亡时的行为，几内亚森林。
多拉·比罗团队观察，牛津大学，2003年。

2. 鸟类在同伴死亡时的行为，美国。
约翰·马斯路团队观察，华盛顿大学，2015年。

3. 一头大象的死亡，肯尼亚桑布鲁国家保护区。
希夫拉·戈登伯格观察，史密森学会/圣迭戈学会，2019年。

死亡意识由四部分组成：不可逆性、必然性、非功能性（死者不再交流或行动）和因果性。人类在4岁左右就会获得这种意识，那动物呢？动物行为学家试图通过观察不同物种在死亡过程中的群体行为来回答这个问题。

1. 小黑猩猩死后很多天，黑猩猩母亲无论去哪儿都带着宝宝的尸体，并为尸体做清洁。尽管尸体散发着腐烂的气味，族群里的其他黑猩猩也不会因此攻击或厌恶它们。20多天后，黑猩猩母亲逐渐远离尸体。**2.** 一只乌鸦停在同伴的尸体附近，观察着它，接着发出响亮而令人不快的叫声。叫声会吸引其他乌鸦。它们围绕在尸体周围高声鸣叫，之后飞走，且不再回到尸体附近。**3.** 大象会靠近和触碰同伴的尸体，有的甚至试图把尸体抬起来。它们会回到早先腐坏的尸骨处。相比其他物种的骨头，有些大象会对同类的尸骨流露出特别的兴趣。

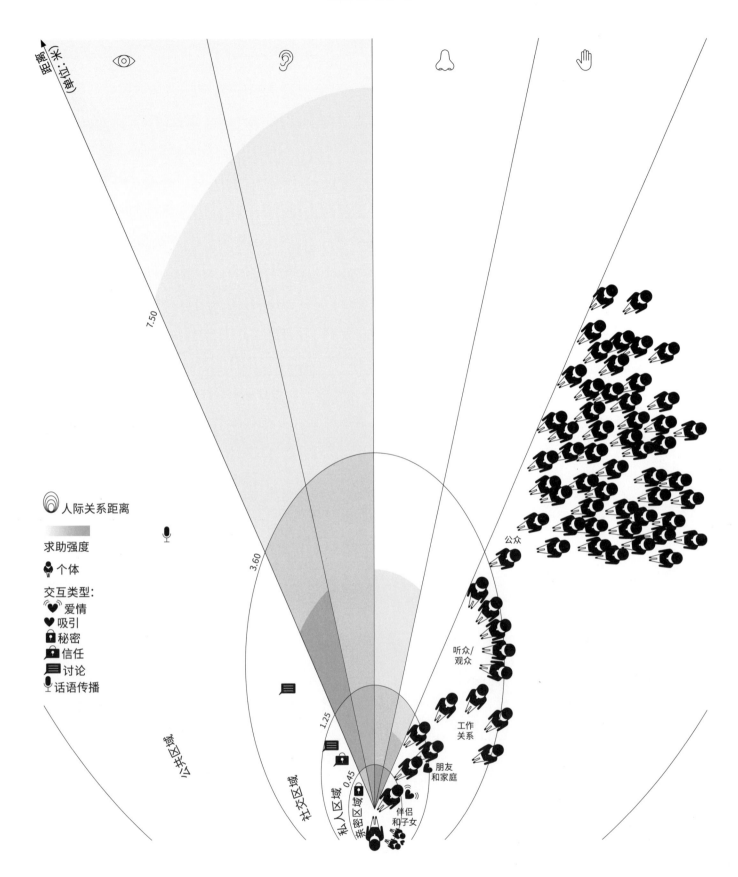

距离（米：东南）

7.50

3.60

1.25

0.45

人际关系距离

求助强度

个体

交互类型：
爱情
吸引
秘密
信任
讨论
话语传播

公共区域

社交区域

私人区域

亲密区域

公众

听众/
观众

工作
关系

朋友
和家庭

伴侣
和子女

　　空间中的人际关系——真实或感知的物理距离，亲近或疏远的象征——构成了美国人类学家爱德华·霍尔（Edward T. Hall）于1963年提出的"空间关系学"。这种学说提出四种人际关系距离（空间区域），由近及远依次为：亲密区域、私人区域、社交区域、公共区域，每种距离都涉及感知变化。举例来说，触碰只存在于亲密区域和私人区域，在社交区域或公共区域便不存在了。除了距离问题，诸如谈话方向、手部移动或视觉交互等交流标记也属于空间关系学的研究范畴。爱德华·霍尔的研究对象是生活在美国东北海岸的中产阶级，人际关系距离会因个体或文化差异而有所变化，这也包含了比较人类学的相关研究。霍尔认为人类对空间的使用是无意识的，这种"隐藏的维度"是理解人类需求的基础。

共情的神经回路

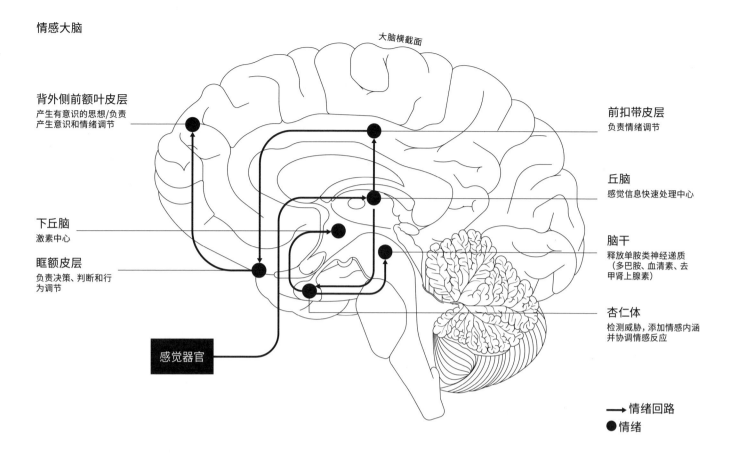

情感大脑

大脑横截面

背外侧前额叶皮层
产生有意识的思想/负责产生意识和情绪调节

前扣带皮层
负责情绪调节

丘脑
感觉信息快速处理中心

下丘脑
激素中心

脑干
释放单胺类神经递质（多巴胺、血清素、去甲肾上腺素）

眶额皮层
负责决策、判断和行为调节

杏仁体
检测威胁，添加情感内涵并协调情感反应

感觉器官

→ 情绪回路
● 情绪

共情区域

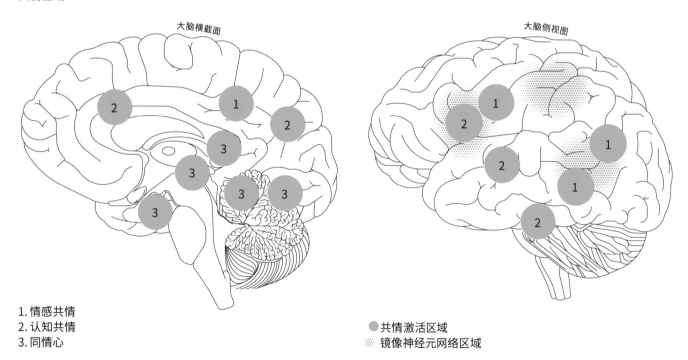

大脑横截面

大脑侧视图

1. 情感共情
2. 认知共情
3. 同情心

● 共情激活区域
▓ 镜像神经元网络区域

共情，指理解和感受他人的情绪。神经生理学研究表明，与共情相关的大脑区域同认知大脑和情感大脑（调节攻击性、疼痛、恐惧、快乐和记忆）共享同一片大脑区域，因此提出了共情也遵循相同神经回路的假设，并把它定义为一种特殊的情感。研究人员描述了四种形式的共情。预共情（pre-empathy），即情绪传染，通过对情况的快速化和自动化分析，最终表现出动机同步（别人打哈欠，我也跟着打哈欠）。情感共情是感受他人痛苦、快乐或情绪的能力（1）。

认知共情是理解他人所有心理状态、动机和行为原因的能力（2）。同情心能使我们为他人行事（3）。

镜像神经元在运动模仿中发挥着重要作用：我们执行动作或观察另一个人执行相同的动作时，相同的神经元会被激活。

口哨语

近距和中距

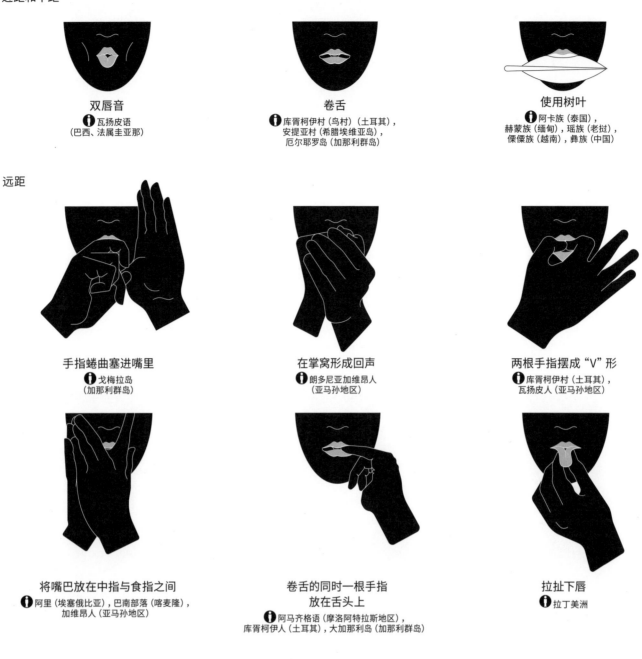

双唇音
ⓘ 瓦扬皮语
（巴西、法属圭亚那）

卷舌
ⓘ 库胥柯伊村（鸟村）（土耳其），
安提亚村（希腊埃维亚岛），
厄尔耶罗岛（加那利群岛）

使用树叶
ⓘ 阿卡族（泰国），
赫蒙族（缅甸），瑶族（老挝），
傈僳族（越南），彝族（中国）

远距

手指蜷曲塞进嘴里
ⓘ 戈梅拉岛
（加那利群岛）

在掌窝形成回声
ⓘ 朗多尼亚加维昂人
（亚马孙地区）

两根手指摆成"V"形
ⓘ 库胥柯伊村（土耳其），
瓦扬皮人（亚马孙地区）

将嘴巴放在中指与食指之间
ⓘ 阿里（埃塞俄比亚），巴南部落（喀麦隆），
加维昂人（亚马孙地区）

卷舌的同时一根手指
放在舌头上
ⓘ 阿马齐格语（摩洛阿特拉斯地区），
库胥柯伊人（土耳其），大加那利岛（加那利群岛）

拉扯下唇
ⓘ 拉丁美洲

声音识别距离

40 m　　　200 m　　　　　　　　　　　　　　　　≥1000 m

声音发出者

说话　　　叫喊　　　　　　　　　　　　　　口哨

ⓘ 人种或地理
区域示例

　　希罗多德在《历史》中这样形容靠吹口哨沟通的埃塞俄比亚的穴居人："他们像鸟一样交流。"如今，主要生活在山区或密林里的人类族群仍有很多在使用口哨语。这种语言能有效地将简短的对话传至远方：口哨的声级高于说话，最高可达120分贝，是人类能用身体发出的最响的声音。随距离增加，声音的频谱越窄，音量的衰减程度越弱。口哨语的音域足够宽广、复杂、多变，能够保留词汇、语法和句法信息，已经成为当地语言的一部分。法国语言学家和生物声学家朱利安·梅耶尔（Julien Meyer）在2003年至2015年做的一项田野考察中，统计了几种吹口哨的技巧：如把嘴唇噘成圆形（轻声）、把手指放入口中（大声）、借助树叶或笛子。大多数情况下，同一族群的人会根据距离的远近和手势的舒适度同时使用多种技巧。

风力等级

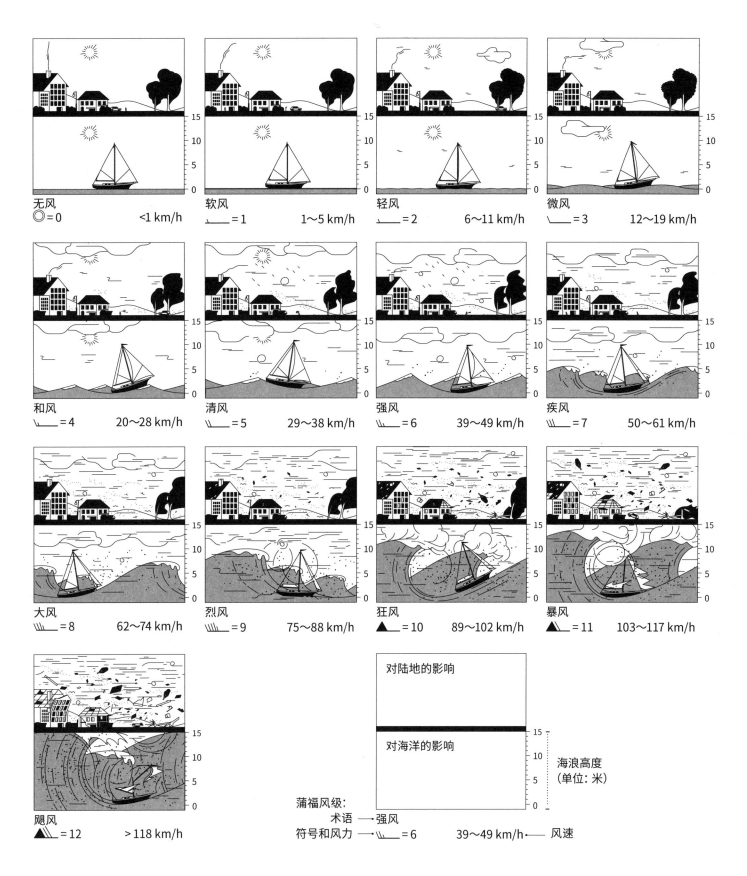

无风
◎ = 0　　　　　<1 km/h

软风
— = 1　　　　　1～5 km/h

轻风
— = 2　　　　　6～11 km/h

微风
— = 3　　　　　12～19 km/h

和风
— = 4　　　　　20～28 km/h

清风
— = 5　　　　　29～38 km/h

强风
— = 6　　　　　39～49 km/h

疾风
— = 7　　　　　50～61 km/h

大风
— = 8　　　　　62～74 km/h

烈风
— = 9　　　　　75～88 km/h

狂风
▲ = 10　　　　89～102 km/h

暴风
▲ = 11　　　　103～117 km/h

飓风
▲ = 12　　　　>118 km/h

对陆地的影响

对海洋的影响

海浪高度
（单位：米）

蒲福风级：
术语 —— 强风
符号和风力 → — = 6　　　39～49 km/h —— 风速

　　"他们应当拿着……'灯塔之书'，上面记载着可能会发生的一切情况，船只通过时……海浪高度、风向和风力、时间标记、天气变化、降雨时长、飓风频率、晴雨表变化、温度状况和其他……"在儒勒·凡尔纳《世界尽头的灯塔》中，灯塔看守员根据英国海军少将弗朗西斯·蒲福（Francis Beaufort）在1805年构想出的航行难易程度等级更新每日的航行信息。这种等级基于对碎浪的观察——水面是否出现白帽浪[1]、水花、泡沫或海浪的痕迹——而形成。波浪的这些特性可能与局部产生波浪的风有关（No.96）。蒲福风级从而将航行条件、波浪和风联系起来。如今，即便大多数船只都配备了可以测量风力的风速仪，人们也仍在天气预报中使用蒲福风级来描述风力大小。在法国，若风力大于7级，引航员便会接收到地区监测和救援行动中心通过甚高频广播播放的特别天气预报。

1　海浪破碎后，在波峰周遭形成的白色浪花。——编者注

食物网

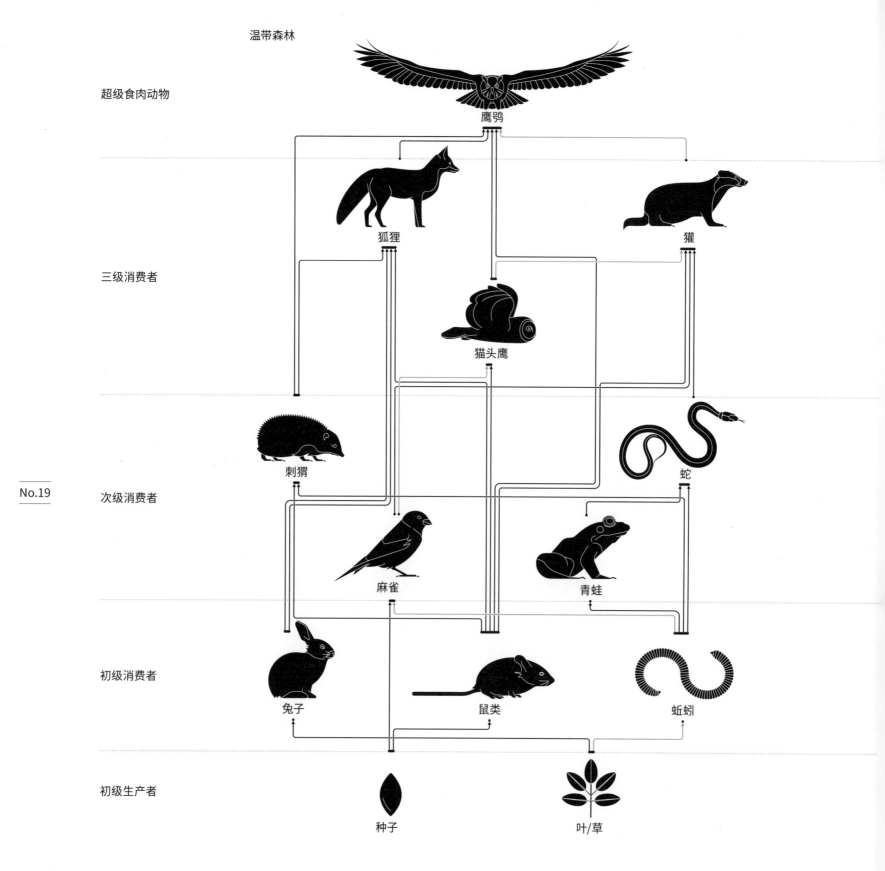

温带森林。

超级食肉动物 — 鹰鸮

三级消费者 — 狐狸 / 獾 / 猫头鹰

次级消费者 — 刺猬 / 蛇 / 麻雀 / 青蛙

初级消费者 — 兔子 / 鼠类 / 蚯蚓

初级生产者 — 种子 / 叶/草

　　捕食或被捕食……猎物和捕食者组成的全部食物链构成食物网。在同一食物网中，基于光照和营养物质的供应形成的不稳定平衡和捕食者对资源调节的影响，物种之间相互作用。食物网内部（自然或人为）的变化可能会影响其他部分。在水生环境中，食物链的起点如果营养过剩，就会导致缺氧（氧气耗尽），甚至形成死亡地带（No.42）。食物网中连接物种的纽带通常与食物有关。食物链是一个序列，每个个体捕食前一个体，并被后一个体吃掉。位于食物链最低级的初级生产者通常是自养生物（利用太阳能或自然化学能，从土壤或水中的矿物质中合成自身有机物的植物或细菌），而位于最高级的通常是超级食肉动物，其特点是体形大、种群密度低、拥有广阔的领地。

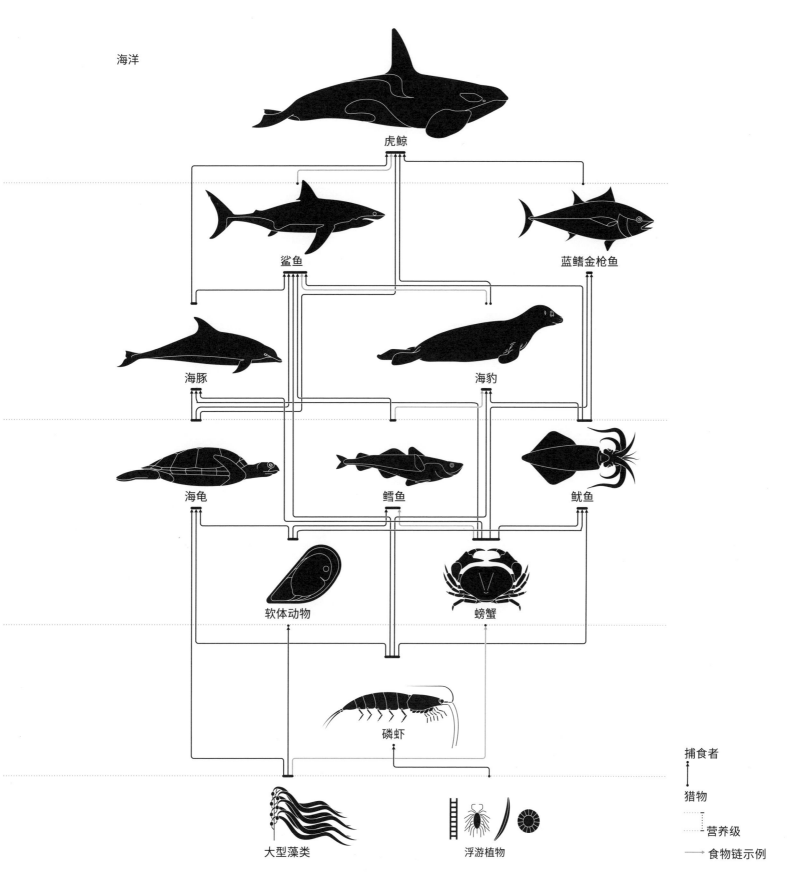

海洋

虎鲸

鲨鱼

蓝鳍金枪鱼

海豚

海豹

海龟

鳕鱼

鱿鱼

软体动物

螃蟹

磷虾

大型藻类

浮游植物

捕食者

猎物

营养级

食物链示例

　　"只要动物居住在相同的地方，并用相同的食物维持生命，它们就会相互争斗。如果食物过于匮乏，即使同属一个种族，它们也会互相争斗……所有动物都与食肉动物交战，而食肉动物又与所有其他动物交战，因为它们只能以动物为生……鹰和蛇是天敌，因为鹰吃蛇。"

——亚里士多德，《动物史》（约公元前343年），VI，2。

围棋人机大战

游戏规则

19行×19列＝361个交叉点

自由落子

包围棋子

提子

布局

中盘

计算获胜者的得分（⬤）：其活棋数量（•）＋活棋围住的交叉点总数（◉）。

官子

游戏玩法

对局: 李世石（人类）vs阿尔法围棋（人工智能）

第一局
李世石●
阿尔法围棋。
（胜者）
第102手➡

白棋在黑棋领地（◎）长驱直入：风险在于黑棋可以吃掉这手棋并保住它的地盘，而受益于邻近棋子支持（◎）的白棋可以考虑这步棋，至少能摧毁黑棋的部分领地。

第二局
阿尔法围棋●
（胜者）
李世石。
第37手➡

"尖冲"（在对方棋子对角线上行棋）是一种遏制对手的边缘棋子（◎）向中心发展的战术。在阿尔法围棋之前几乎不会有人在此处落子，这相当于将边缘处的大面积区域（◎）拱手相让。然而，阿尔法围棋认为中心更为重要，尽管中心区域很难攻城略地。

第三局
李世石●
阿尔法围棋。
（胜者）
第32手➡

黑棋向白棋（◎）发起猛烈攻击，但最后一手（●）反而使自己的棋面不堪一击（◎）。阿尔法围棋用第32手制衡，看起来不太符合规矩［从人类的角度看，落子在（•）处更"标准"］。李世石意识到自己将从最初的攻势转为守势。

第四局
阿尔法围棋●
李世石。
（胜者）
第78手➡

白棋的领地不如黑棋稳固，陷入不利境地，唯一机会是利用"死棋"（◎）的位置减少黑棋的地盘。李世石借此下出了精彩的第78步棋。阿尔法围棋原本可以轻松反击，但它错估了形势，使自己的局面突然恶化，近乎荒唐可笑。

围棋是一种抽象组合策略游戏，其历史可以追溯到中国东周时期（公元前770—前256年），是已知最古老的游戏之一。在围棋对局中，两名对手互相对抗，轮流将黑色棋子和白色棋子放置在棋盘的交叉点上。若将对方棋子完全包围，就可以吃掉对方的棋子（也叫"提子"），以建立比对手更大的地盘。2016年3月，首场人机围棋对决在首尔举行，对阵双方是韩国21世纪冠军棋手李世石与谷歌DeepMind公司开发的人工智能程序"阿尔法围棋"。比赛分为5局，每局约4小时，这场比赛吸引了约3亿人，其中2.8亿人来自中国。"阿尔法围棋"的压倒性胜利（4：1）标志着人工智能在机器学习领域的进步，其影响力堪比1997年超级计算机"深蓝"与加里·卡斯帕罗夫（Garry Kasparov）的那场国际象棋比赛。这场比赛甚至从根本上改变了这项古老游戏的玩法。职业棋手自此开始每天与人工智能一起训练，也开始吸纳"阿尔法围棋"创新的或"不优雅"的棋法，例如优先考虑棋盘的中心地带而不是边缘区域。

二进制

原理

语境

逻辑	假	真
	否	是
数字	0	1

1 位元　　　1 位元

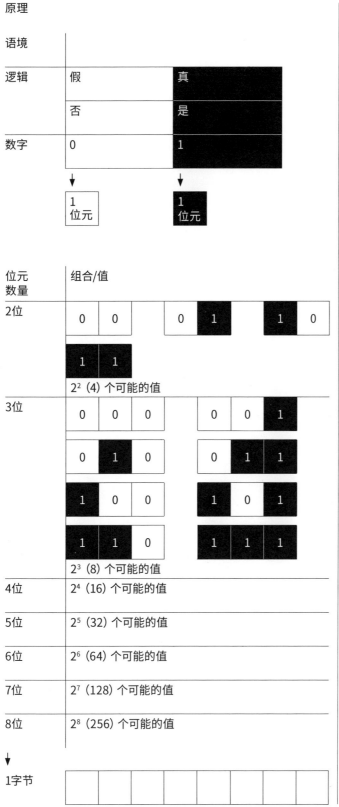

位元数量	组合/值
2位	0 0　0 1　1 0　1 1　2² (4) 个可能的值
3位	0 0 0　0 0 1　0 1 0　0 1 1　1 0 0　1 0 1　1 1 0　1 1 1　2³ (8) 个可能的值
4位	2⁴ (16) 个可能的值
5位	2⁵ (32) 个可能的值
6位	2⁶ (64) 个可能的值
7位	2⁷ (128) 个可能的值
8位	2⁸ (256) 个可能的值

↓

1字节

信息技术应用

位元 ＝

0	1	1	0	0	0	1	0
0	1	1	0	1	0	0	1
0	1	1	0	1	1	1	0
0	1	1	0	0	0	0	1
0	1	1	0	0	0	0	1
0	1	1	0	0	1	0	0
0	1	1	0	0	1	0	1

字　　　　1字节＝8位＝2⁸（256）个值

一张 64像素 的图片 ＝

0	1	0	0	0	0	1	0
0	0	1	0	0	1	0	0
0	1	1	1	1	1	1	0
1	1	0	1	1	0	1	1
1	1	1	1	1	1	1	1
1	0	1	1	1	1	0	1
1	0	1	0	0	1	0	1
0	0	0	1	1	0	0	0

黑白图片　　　　1像素＝1位＝2¹（2）个值

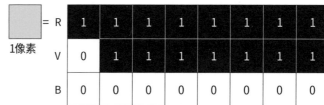

	R	1	1	1	1	1	1	1	1
1像素	V	0	1	1	1	1	1	1	1
	B	0	0	0	0	0	0	0	0

彩色图片　　　　1像素＝24位
（RVB：红、绿、蓝）　　＝2²⁴（1 680万）个值

二进制是以2为基数的数字系统，基于基本单元"位元"或"比特"，只能取两个值：1或0（真或假、是或否）。

1679年，德国哲学家和数学家戈特弗里德·威廉·莱布尼茨（Gottfried Wilhelm Leibniz, 1646—1716）在一篇名为《二进制算数》的手稿中描述了二进制计数法。几年后，他抛开计算器的原理，将讨论二进制计数法和四种运算的文章提交给了法国科学院。后来在1936年，艾伦·图灵（Alan Turing）依据该原理构想了一台"机器"——使用0和1组成的二进制基数进行无限计算的抽象模型（计算机的祖先）。从这个意义上说，我们可以将莱布尼茨视为编程和现代信息学开创者之一。

如今，二进制可以用来编码拉丁字符、黑白或彩色图像及其最复杂的动画衍生物。若数字非常大，我们通常使用十六进制（4位元），或者较为少见的八进制（以8为基数）。

白蚁教堂的建筑结构

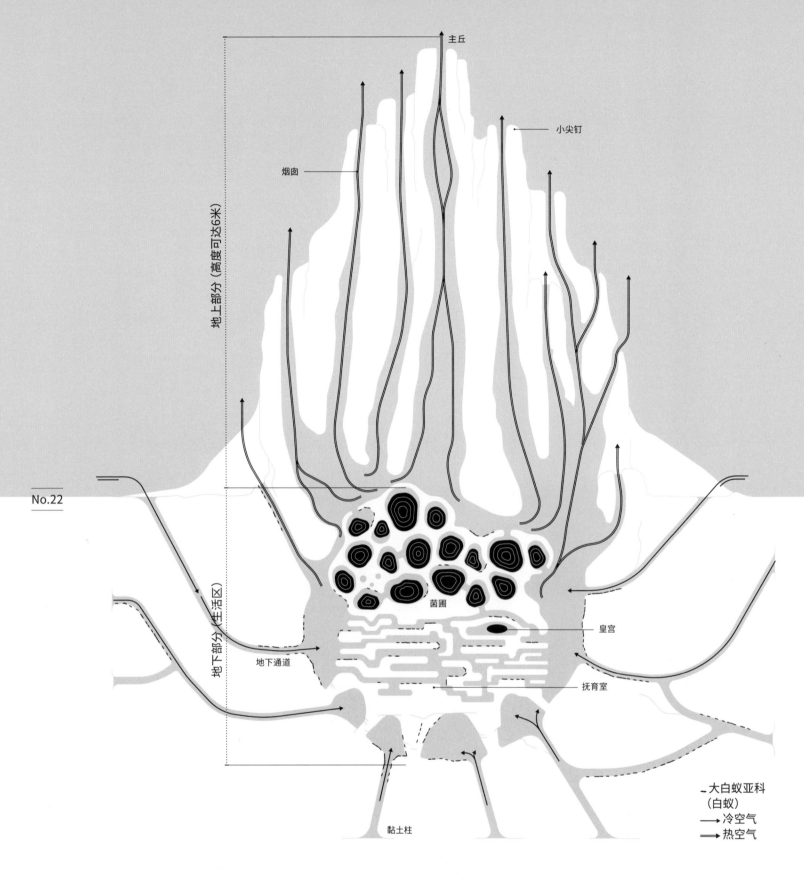

主丘

小尖钉

烟囱

地上部分（高度可达6米）

菌圃

皇宫

地下部分（生活区）

地下通道

抚育室

大白蚁亚科
（白蚁）

→ 冷空气

➡ 热空气

黏土柱

　　大白蚁亚科（有时叫"白蚁"）群居在巨大的巢穴中，形如一座大教堂。这些"建筑"常见于撒哈拉沙漠地区，有些在地下，有些在地上。在白蚁蚁群中，蚁王和蚁后住在皇宫（也叫"平台"），它们是蚁群的创始者。卵和若虫由抚育室中的孵化设施监测。白蚁社会由工蚁和兵蚁组成，前者执行保障蚁群生存所需的任务，后者负责保卫蚁群安全。为获得食物，白蚁会培育菌圃，菌圃中的植物纤维被菌丝体部分消化。工蚁在兵蚁的陪伴下，在交错的地下通道中寻找培育菌类所需的材料。白蚁丘内恒温恒湿，工蚁的工作促进了空气流动和平衡：气流从地表入口进入，从向外开放的"烟囱"排出。水的补给由地下水完成（深度可达20米）。某些设计师为建筑物设计生态空调系统时也会参考蚁巢的建造技术。

胡夫金字塔墓室

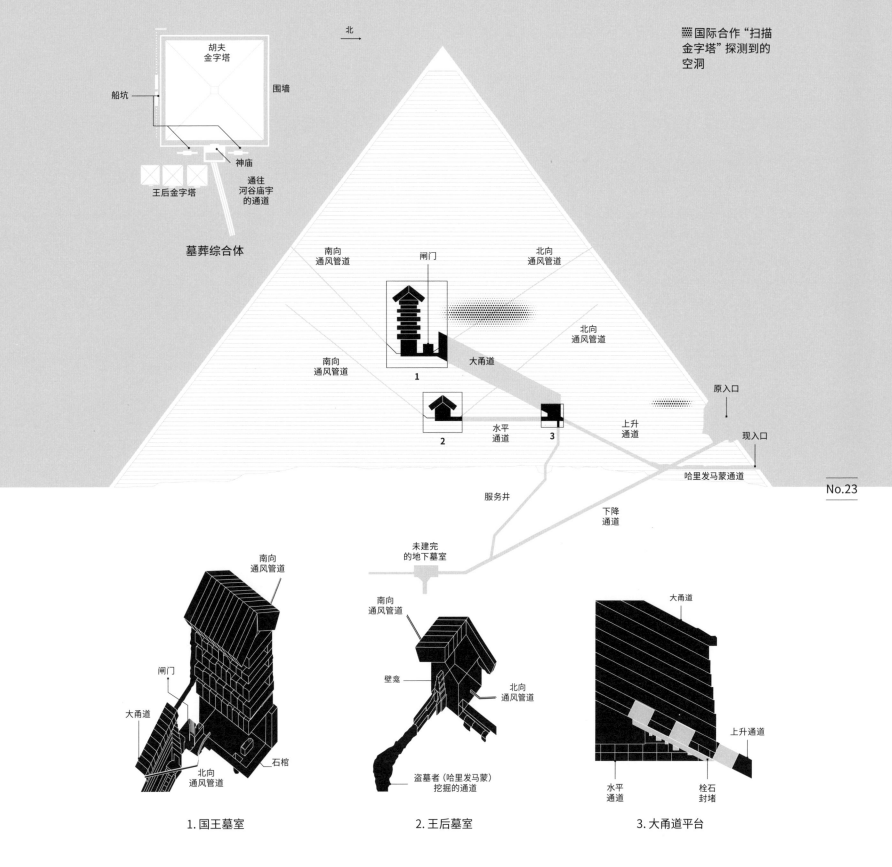

墓葬综合体

北

国际合作"扫描金字塔"探测到的空洞

胡夫金字塔
围墙
船坑
王后金字塔
神庙
通往河谷庙宇的通道

南向通风管道
闸门
北向通风管道
南向通风管道
北向通风管道
大甬道
水平通道
上升通道
原入口
现入口
哈里发马蒙通道
服务井
下降通道
未建完的地下墓室

南向通风管道
闸门
大甬道
北向通风管道
石棺

南向通风管道
壁龛
北向通风管道
盗墓者(哈里发马蒙)挖掘的通道

大甬道
上升通道
水平通道
栓石封堵

1. 国王墓室　　　　2. 王后墓室　　　　3. 大甬道平台

　　胡夫几乎什么也没留下，他的遗骸——木乃伊（No.116）从未被人发现，这点与其他法老不同。这位法老在世间只留下了一座坟墓：神秘的胡夫金字塔。这座纪念性建筑高约146米，建在一个殡葬建筑群的中心。该建筑群还包括庙宇、陵墓，以及另外两座法老金字塔（卡夫拉金字塔和孟卡拉金字塔）。中世纪时，胡夫金字塔的塔尖被采石工人不慎截断，但它仍旧藏着许多未解之谜。例如，一名死者为何拥有三间墓室？一些埃及文物学家认为这绝非偶然；另一些则认为是建造途中调整所致。或许，地下墓室和王后墓室才是法老木乃伊的原安放处，而后建造者改变主意并构思了第三间墓室（国王墓室）。金字塔的建造使用了三种岩石：异常坚固的粉红色花岗岩（来自800多千米远的阿斯旺采石场），用于建造墓室；质量稍逊的石灰岩（来自金字塔附近的采石场）用来搭建骨架；而光滑的外饰面则由高品质的白色石灰石（来自尼罗河另一岸的图拉采石场）铺就而成。

鸦片制剂贩运

金三角

太平洋

墨西哥

北冰洋

老挝
泰国
缅甸

印度洋

哥伦比亚

阿富汗
伊朗

大西洋

个人缉获量
（2015—2021年）：
○ ······ 1~100 kg
○ ······ 100~500 kg
○ ······ 500~1 000 kg
○ ······ 1 000~5 000 kg
○ ······ >5 000 kg

● 鸦片
● 海洛因
● 曲马多

◉ 鸦片制剂的主要
消费市场

◉ 鸦片制剂的主要
运输路线

阿富汗 非法将罂粟制成鸦
片的主要生产国

　　罂粟花（或称鸦片罂粟）脱落后蒴果成长，划开蒴果，就会渗出乳白色胶状液体，干燥后呈棕色树脂状，这就是生鸦片。海洛因的主要成分吗啡就是从这种物质中提取出来的。"鸦片制剂"一词包括天然鸦片中所含的全部镇痛生物碱，而海洛因、曲马多、美沙酮和芬太尼等合成物质则被称为"类阿片"。19世纪时，鸦片成为国际贩运的对象。中国和英国于1839年和1856年发生了两次冲突，中国希望禁止其领土上的鸦片贸易，而英国希望强行贩卖从印度进口的鸦片。20世纪70年代，在法国贩毒网和西西里黑手党的庇护下，从金三角进口的海洛因开始在全球蔓延。自20世纪90年代以来，阿富汗一直是罂粟的主要产地。同一时期在消费国，特别是美国，鸦片制剂的滥用（处方药芬太尼）使人产生了严重的成瘾性，有时甚至能够称得上"流行病"。

气味地图

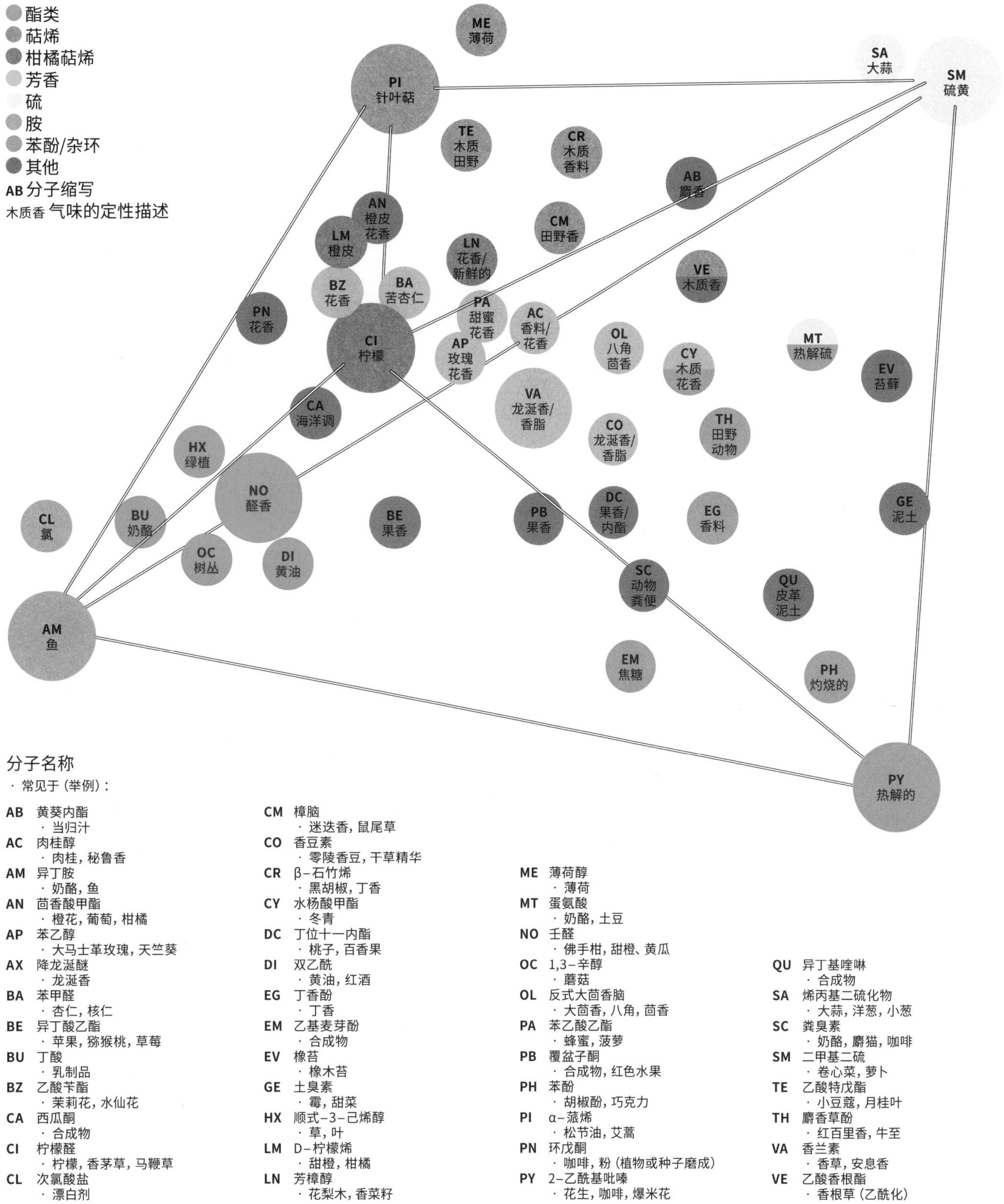

酯类
萜烯
柑橘萜烯
芳香
硫
胺
苯酚/杂环
其他
AB 分子缩写
木质香 气味的定性描述
ME 薄荷
PI 针叶萜
SA 大蒜
SM 硫黄
TE 木质田野
CR 木质香料
AB 麝香
AN 橙皮花香
LM 橙皮
CM 田野香
LN 花香/新鲜的
VE 木质香
BZ 花香
BA 苦杏仁
PN 花香
PA 甜蜜花香
AC 香料/花香
CI 柠檬
AP 玫瑰花香
OL 八角茴香
CY 木质花香
MT 热解硫
EV 苔藓
VA 龙涎香/香脂
CA 海洋调
HX 绿植
CO 龙涎香/香脂
TH 田野动物
NO 醛香
CL 氯
BU 奶酪
BE 果香
PB 果香
DC 果香/内酯
EG 香料
GE 泥土
OC 树丛
DI 黄油
SC 动物粪便
QU 皮革泥土
AM 鱼
EM 焦糖
PH 灼烧的
PY 热解的

No.25

分子名称
· 常见于（举例）：

AB 黄葵内酯
· 当归汁
AC 肉桂醇
· 肉桂，秘鲁香
AM 异丁胺
· 奶酪，鱼
AN 茴香酸甲酯
· 橙花，葡萄，柑橘
AP 苯乙醇
· 大马士革玫瑰，天竺葵
AX 降龙涎醚
· 龙涎香
BA 苯甲醛
· 杏仁，核仁
BE 异丁酸乙酯
· 苹果，猕猴桃，草莓
BU 丁酸
· 乳制品
BZ 乙酸苄酯
· 茉莉花，水仙花
CA 西瓜酮
· 合成物
CI 柠檬醛
· 柠檬，香茅草，马鞭草
CL 次氯酸盐
· 漂白剂
CM 樟脑
· 迷迭香，鼠尾草
CO 香豆素
· 零陵香豆，干草精华
CR β–石竹烯
· 黑胡椒，丁香
CY 水杨酸甲酯
· 冬青
DC 丁位十一内酯
· 桃子，百香果
DI 双乙酰
· 黄油，红酒
EG 丁香酚
· 丁香
EM 乙基麦芽酚
· 合成物
EV 橡苔
· 橡木苔
GE 土臭素
· 霉，甜菜
HX 顺式–3–己烯醇
· 草，叶
LM D–柠檬烯
· 甜橙，柑橘
LN 芳樟醇
· 花梨木，香菜籽
ME 薄荷醇
· 薄荷
MT 蛋氨酸
· 奶酪，土豆
NO 壬醛
· 佛手柑，甜橙、黄瓜
OC 1,3–辛醇
· 蘑菇
OL 反式大茴香脑
· 大茴香，八角，茴香
PA 苯乙酸乙酯
· 蜂蜜，菠萝
PB 覆盆子酮
· 合成物，红色水果
PH 苯酚
· 胡椒酚，巧克力
PI α–蒎烯
· 松节油，艾蒿
PN 环戊酮
· 咖啡，粉（植物或种子磨成）
PY 2–乙酰基吡嗪
· 花生，咖啡，爆米花
QU 异丁基喹啉
· 合成物
SA 烯丙基二硫化物
· 大蒜，洋葱，小葱
SC 粪臭素
· 奶酪，麝猫，咖啡
SM 二甲基二硫
· 卷心菜，萝卜
TE 乙酸特戊酯
· 小豆蔻，月桂叶
TH 麝香草酚
· 红百里香，牛至
VA 香兰素
· 香草，安息香
VE 乙酸香根酯
· 香根草（乙酰化）

分子的气味特征取决于其化学成分。1983年，法国国家科学研究中心研究员让–诺埃尔·若贝尔（Jean–Noël Jaubert）的一项研究确定了1 396种分子的某些化学特征与气味特征之间存在关系的可能性。这项研究揭示了44个分子信标和在七大基本气味上的三维结构，使得人们能够在气味空间中找到方向。由此，我们可以在这个结构中定位某种气味并客观地描述它。我们对气味的习惯性描述通常来自非常私人化的记忆，难免会产生异议和误会：“骤然间，回忆浮现在眼前。这味道，就是小块的玛德莱娜的味道呀，在贡布雷，每逢星期天（因为这一天我在望弥撒以前不出门）我到莱奥妮姑妈屋里去给她道早安时，她总会掰一小块玛德莱娜，在红茶或椴花茶里浸一浸，然后递给我。刚看见小玛德莱娜，尝到它的味道之前，我还什么也没想起来……但是，即使物毁人亡，即使往日的岁月了无痕迹，气息和味道（唯有它们）却在，它们更柔弱，却更有生气，更形而上，更恒久，更忠诚……”（马塞尔·普鲁斯特，《在斯万家那边》，1913年）

彩虹的物理学原理

彩虹的形成过程

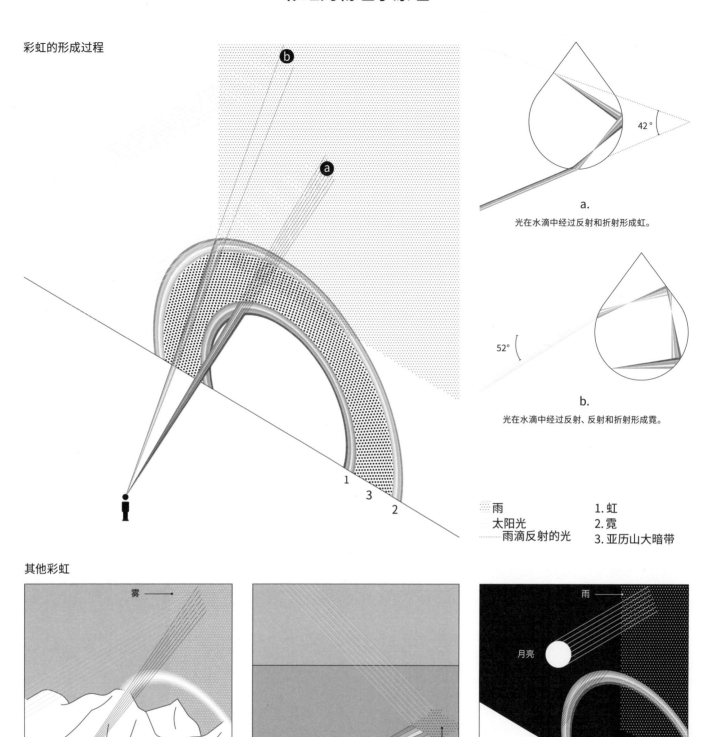

a.
光在水滴中经过反射和折射形成虹。

b.
光在水滴中经过反射、反射和折射形成霓。

42°

52°

b

a

1
3
2

▨ 雨
　太阳光
⋯⋯ 雨滴反射的光

1. 虹
2. 霓
3. 亚历山大暗带

其他彩虹

雾 →

白色彩虹

雾

露

露水彩虹

雨 →

月亮

月虹

　　彩虹出现在下雨且有阳光的时候。虹（**1**）最接近中心且最亮，由阳光在水滴内部的反射和折射形成；霓（**2**）的发光度较低，因为光线在水滴内部被反射了两次，所以并不总能被看见。彩虹颜色的顺序（紫色，靛蓝，蓝色，绿色，黄色，橙色，红色）始终相同（霓的顺序相反），且与白色光通过棱镜产生的色散一致。与之形成鲜明对比的是亚历山大暗带（**3**），受射入角度影响，光线无法折射。

　　我们还能观测到一些罕见的彩虹，比如在起雾或有非常多小水滴的情况下，可以看到白色彩虹；当太阳落入地平线上时，可以见到红色的彩虹；在月光如水的夜晚，可以看见月虹。此外还有露水彩虹，甚至翻滚的海浪或水射流也能形成彩虹。

　　这种大气光学现象滋养了大量神话和传说。在北欧神话中，彩虹是连接众神之城的仙宫（阿斯加德）与地球（米德加德，即中庭）的桥梁。

缎蓝园丁鸟的求偶表演

求偶亭

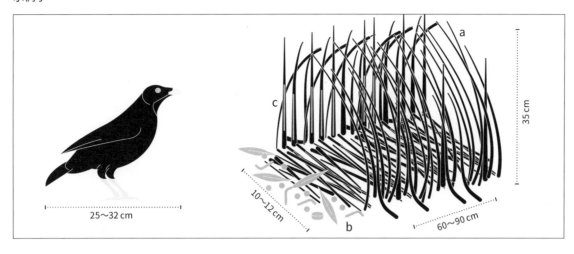

● 雄鸟
● 雌鸟
a. 结构: 树枝
b. 装饰: 水果、花、羽毛、塑料、玩具等
c. 颜料: 蓝色或黑色浆果、煤粉、唾液等

35 cm
10~12 cm
60~90 cm
25~32 cm

求偶表演

发出求偶的叫声

邀请雌鸟进入求偶亭

雌鸟进入求偶亭后开始表演

面向雌鸟展示

交配

筑巢

缎蓝园丁鸟是澳大利亚林地特有的一种鸣禽,以复杂的求偶仪式著称。为建造求偶亭,雄鸟会在地上铺满树枝,并用树枝搭成一座亭子。身为出色的"装潢设计师",雄鸟会在入口处摆放各种蓝色的物品:花朵、水果、鹦鹉羽毛、蘑菇、甲虫翅膀……塑料瓶盖、糖果包装纸、玩具、玻璃碎片、钢笔或打火机等。最后,雄鸟会用一块树皮将自制的颜料涂抹在树枝上上色。这是鸟类使用工具的典范之一。求偶亭一旦准备就绪,雄鸟就开始准备求偶表演,用声音吸引雌鸟靠近。雄鸟嘴衔羽毛、花朵或浆果,张开翅膀在雌鸟身边跳来跳去,发出机械般的鸣叫声。雌鸟若被表演感动,则留在求偶亭内。之后雄鸟将换一首新的歌曲,继续跳着不连贯的舞蹈,面朝雌鸟展示它的高大,接着与之交配。交配结束后,雌鸟在邻近的树上筑巢。

怀孕和孵化

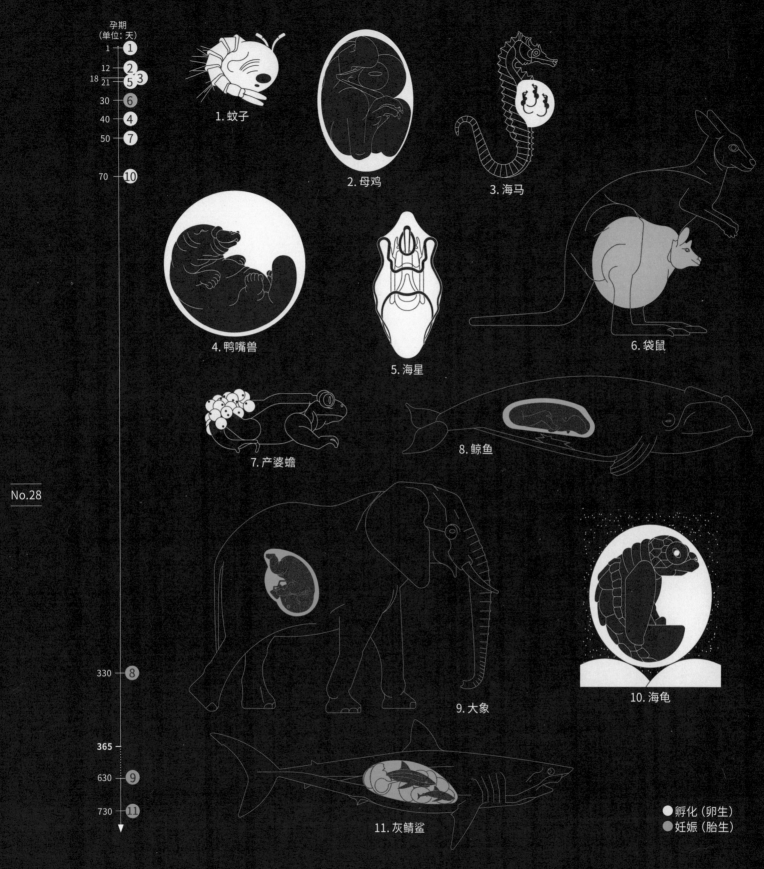

孕期
(单位: 天)

1. 蚊子
2. 母鸡
3. 海马
4. 鸭嘴兽
5. 海星
6. 袋鼠
7. 产婆蟾
8. 鲸鱼
9. 大象
10. 海龟
11. 灰鲭鲨

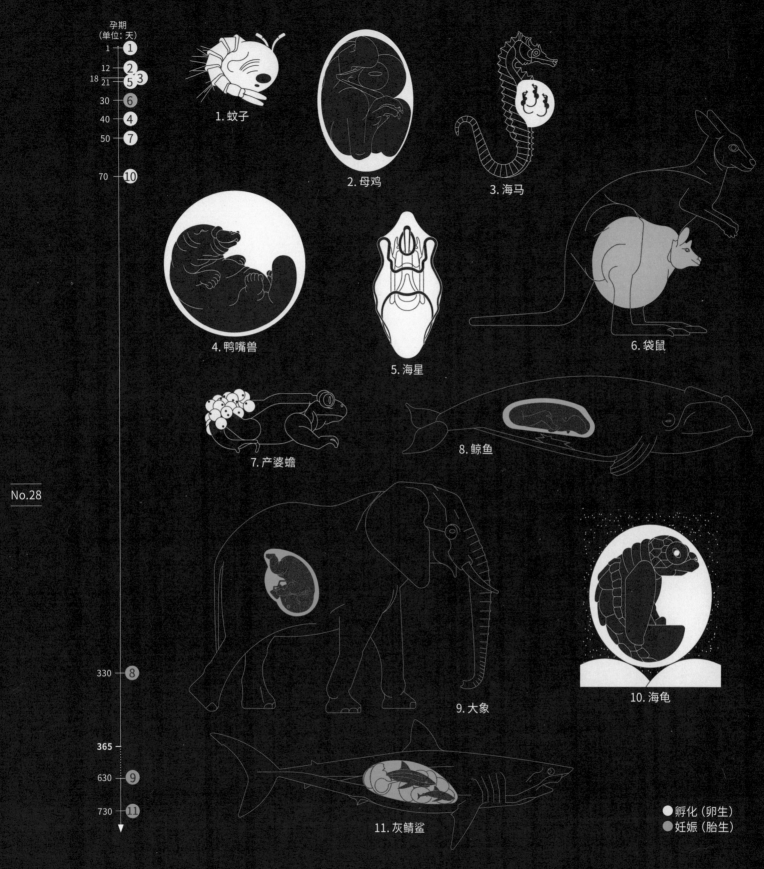

● 孵化（卵生）
● 妊娠（胎生）

早在1859年，查尔斯·达尔文就谈到了性选择，它与生存斗争一起构成了自然选择。从求偶到受精，生物所有的适应方式都是为了保护物种并产生最多的可存活幼体。

1. 蚊子每窝可以产20～200个蚊卵，并孵化成幼虫。**2.** 崽鸡一出壳就能独立。**3.** 求偶结束时，雌性海马将卵放入雄性海马的腹部。**4.** 小鸭嘴兽破壳而出后，将接受3～4个月的母乳喂养。**5.** 海星卵在水中受精，在浮游生物中漂流。**6.** 小袋鼠出生时重1克，并将在育儿袋中发育约240天。**7.** 雄性产婆蟾捡起卵放在背上；它可以同时背负多个雌性产下的卵。**8.** 鲸鱼每3年产一崽，接着母乳喂养4年。**9.** 大象在50岁之前能驮重120千克的小象。**10.** 海龟晚上会回到其出生时的海滩产卵。**11.** 在卵黄囊内孵化的灰鲭鲨胚胎会相互吞噬。

恒星的诞生

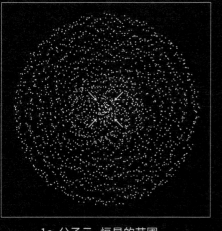

1a. 分子云，恒星的苗圃。
时间＝0年

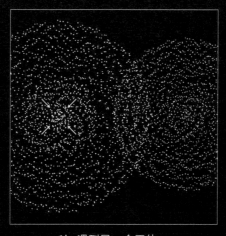

1b. 遇到另一个天体。

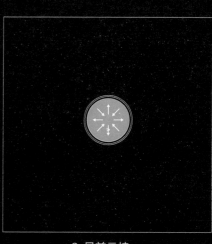

2. 星前云核。
时间≈100 000年

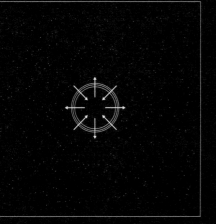

3. 博克球状体。
时间≈110 000年

吸积盘

4. 幼年恒星或原恒星。
时间≈1 000 000年

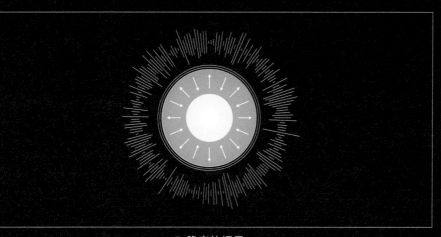

5. 稳定的恒星。
时间≈100 000 000年

亮度强弱
⟶ 作用力

最古老的恒星诞生于138亿年前的"大爆炸"（No.124）之后不久，它们是如何来到这个世界的呢？

1a. 分子云的温度非常低，其密度和大小足以让分子云的碎片在自身重力的作用下坍缩。**1b.** 与另一团分子云相遇，另一颗恒星爆炸或穿过星系臂都会导致分子云的密度和温度增加。**2.** 分子云分裂成小碎片。一段时间后，分裂停止，但坍缩仍在继续，形成星前云核。高度坍缩的气体产生热量，"核"开始发光。**3.** 气体在重力作用下继续坍缩，密度越来越大，越来越亮。尘埃受其引力吸引，聚集在球状体周围，形成一个不透明的茧。**4.** 原恒星或幼年恒星不断膨胀，亮度非常高，但温度还未达到发生核聚变的条件。**5.** 当它因为核反应而不是被物质撞击发光时，它就变成了一颗稳定的恒星。

海洋迁徙

觅食
[海王星群岛]

觅食
[澳大利亚西南部]

繁衍
[马鲁古海峡]

越冬
[对马岛]

觅食
[日本海]

太平洋

觅食
[北太平洋中部]

繁衍
[瓜达卢佩岛]

觅食
[新年角]

北冰洋

繁衍和越冬
[加拉帕戈斯群岛]

繁衍
[墨西哥湾]

越冬
[科德角湾]

觅食
[大西洋东北部]

印度洋

觅食和学习
[科尔科瓦多湾]

繁衍
[巴哈马]

大西洋

繁衍
[地中海]

觅食
[巴西海岸]

觅食
[德雷克海峡]

繁衍和筑巢
[阿森松岛]

觅食
[戴尔岛]

出生
[马里恩岛]

繁衍[地中海]
活动[观察地点]

| 绿海龟 | 蓝鲸 | 大白鲨 | 虎鲸 | 大西洋和太平洋蓝鳍金枪鱼 | 迁徙路线 |

除了少数生活在珊瑚礁或封闭水域的海洋物种外，海洋生物鲜少定居生活。大多数海洋生物会单独或成群地沿固定路线进行季节性迁徙，以满足觅食或繁衍需求。雌性海龟每2～4年返回它们出生的海岸产卵一次，其余时间都在距筑巢区2 000千米以内的觅食区。蓝鲸会记住最稳定的食物区，尽管这些区域的食物产量不一定最高。雌性大白鲨应该是游动距离最远的鲨鱼，它们迁徙的原因至今依然成谜。有些虎鲸需要游动6～8周才能再生表皮，行程超过11 000千

米。蓝鳍金枪鱼以跨大西洋洄游而闻名，这种洄游分若干阶段进行。

水体污染、捕鱼、光污染（No.58）等多种人为因素会扰乱这些迁徙路径。实际上，海洋生物大多在夜间迁徙，许多物种对月球周期很敏感。

海洋运输

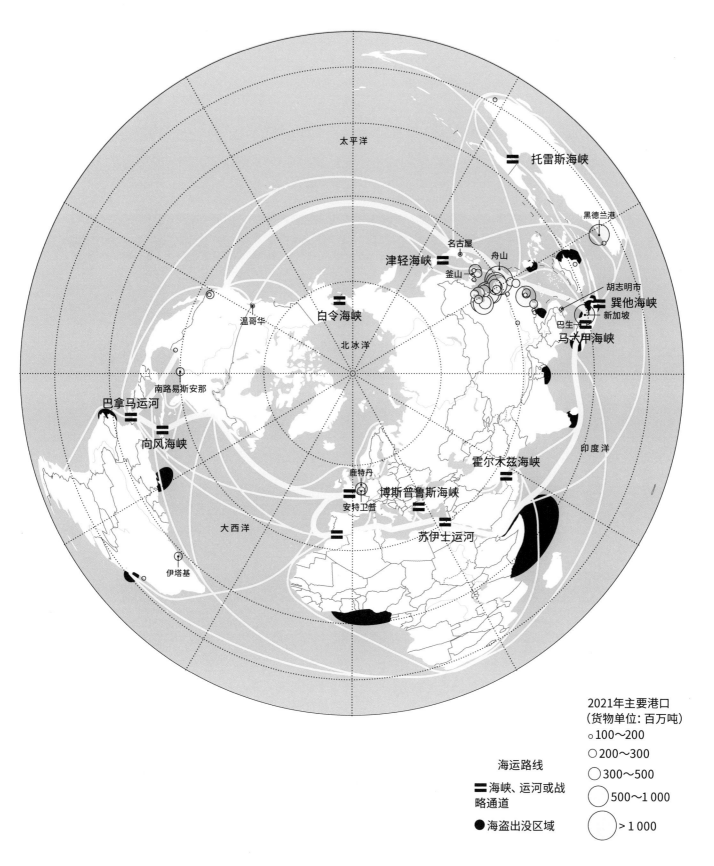

太平洋

托雷斯海峡

黑德兰港

名古屋

津轻海峡 舟山

釜山

胡志明市 巽他海峡

新加坡

巴生

马六甲海峡

温哥华

白令海峡

北冰洋

南路易斯安那

巴拿马运河

向风海峡

霍尔木兹海峡

印度洋

鹿特丹

博斯普鲁斯海峡

安特卫普

苏伊士运河

大西洋

伊塔基

2021年主要港口
（货物单位：百万吨）
○ 100～200
○ 200～300

海运路线
○ 300～500

▬ 海峡、运河或战
略通道
○ 500～1 000

● 海盗出没区域
○ > 1 000

人员和货物在海洋上的所有流动构成了海洋运输。如果说航空运输业的发展极大程度上减少了乘船旅行人员的数量，货物运输却远非如此：世界贸易量的90%（价值的70%）都依赖海运。每年，超过1 100万吨的货物（石油、天然气、矿物、煤炭、谷物或其他固体产品）通过90 000多艘船只运输。20世纪60年代，集装箱（极易处理的标准化箱子）的发展使海上运输呈爆炸式增长。越来越大的集装箱船（有些长400米）在海上来来往往，货舱排列得像铁轨连接的单元。其中，50%的运输涉及原材料或食品，33%涉及碳氢化合物，12.5%涉及集装箱。海洋运输也对环境造成了巨大影响，由此排放的温室气体占全球排放量的4%～5%，船只排放的压载水也对海洋动植物造成了危害。

鸟鸣

表达式

斑鸠

语境	句子	
	词	词
	音	音 音

{G3T} rrrouh rou.RRROUH

音高:

低音 (Grave)
(0～2 kHz)

高音 (Aigu)
(2～15 kHz)

**两者兼有
(Étendu)**
(0～15 kHz)

声音数量:

1
2
3
4
5
x (多个)

声音类型:

颤音 (Trille): 大舌
颤音r或快速重复

滑音 (Glissando):
音高变化

抖音 (Vibrato):
音高的连续轻微
变化

休止:

短暂的休止: 空白
字符

长时间的休止:
"-", "--",
"---"

间音:

两个没有中断的声
音之间的分界线

No.32

举例

欧洲黄莺

{E4G} wit.wit.i.ooo\

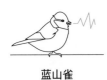

蓝山雀

{AxT} (tsi)*.(di)*

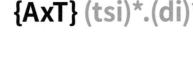

声音:
rrr 正常
RRR 重音

变化
(更改声音类型):
@ 抖音
( )* 重复

滑音:
/ 连续上升
// 颗粒状上升
\ 连续下降
\\ 颗粒状下降

灰林鸮

{G5V} ouh.ouhhh --- hou hou ouh@

对大多数鸟类而言，只有雄性会为了保卫领地或吸引雌性而啼叫。在其他情况下，为传递警报或遇险信号，雄性和雌性都会发出特定的叫声。在鸟类学中，识别雄鸟的叫声是在看不见鸟类的情况下识别物种的一个好方法。早在20世纪50年代，人们就开始用磁带录音提取鸟叫，来研究鸟鸣。此后，人们使用编码技术对鸟鸣进行建模。与口语一样，鸟叫声（rouh, wit, tsi, di, ouh等）是根据音高、数量（固定或多个）和类型等上下文表征组成的音素。这些声音组合在鸣叫中重复出现，构成了由休止分隔的表达式。在这个表达式的基础上，结合物种特征，鸟鸣会发生季节性变化：在交配季节，金丝雀的啼鸣包含20～40种声音，到了夏季变得贫乏，接着在冬季重新组合。有些鸟类还会通过模仿发出叫声，如长尾小鹦鹉、鹦鹉和蜂鸟会模仿其他鸟类的啼叫、人声、电锯或发动机的声音。

狂欢节

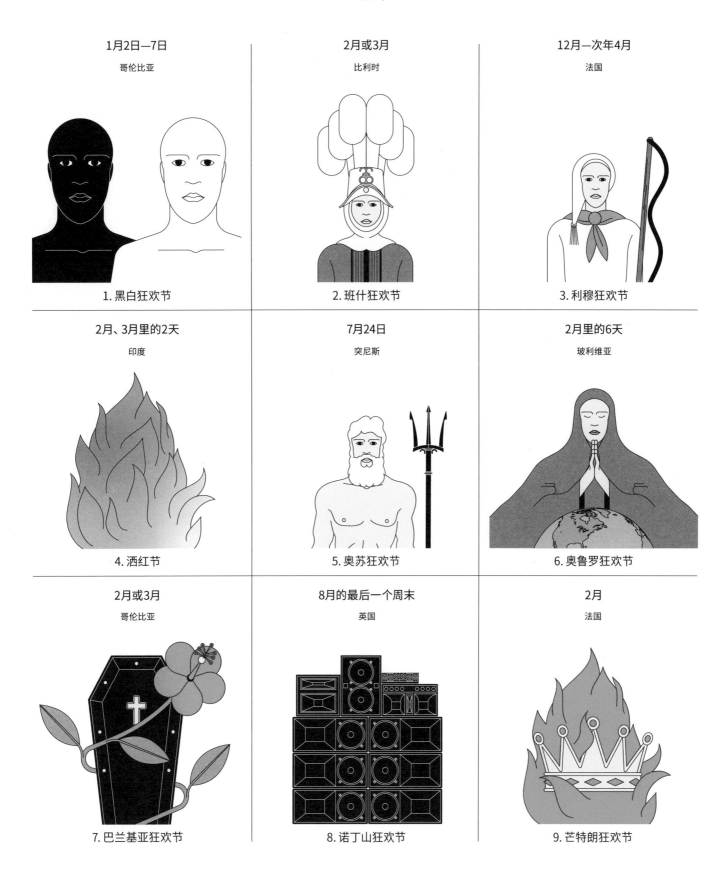

1月2日—7日
哥伦比亚
1. 黑白狂欢节

2月或3月
比利时
2. 班什狂欢节

12月—次年4月
法国
3. 利穆狂欢节

2月、3月里的2天
印度
4. 洒红节

7月24日
突尼斯
5. 奥苏狂欢节

2月里的6天
玻利维亚
6. 奥鲁罗狂欢节

2月或3月
哥伦比亚
7. 巴兰基亚狂欢节

8月的最后一个周末
英国
8. 诺丁山狂欢节

2月
法国
9. 芒特朗狂欢节

狂欢节是装扮的盛典，其仪式根据所处国家的不同有很大差异。**1.** 黑白狂欢节由"黑色日"和"白色日"组成。"黑色日"那天，参与者把脸涂成黑色；到了"白色日"，他们在身体上涂抹滑石粉和面粉。**2.** 班什狂欢节期间，小丑"吉尔"在铜管和鼓的伴奏下进行表演。**3.** 世界上时间最长的狂欢节在利穆，音乐表演者们打扮成磨坊主，从一家咖啡馆走到另一家咖啡馆。**4.** 在印度古代的洒红节期间，人们会点燃火堆来表达对毗湿奴的敬意。后来，彩色颜料取代了灰烬，被人们涂在面部。**5.** 奥苏狂欢节据说源于古罗马一个庆祝海神尼普顿的异教节日。**6.** 奥鲁罗狂欢节源自对"大地之母"（Pachamama）的朝拜，节庆中的舞蹈再现了西班牙人传播福音的岁月。**7.** 巴兰基亚狂欢节以花战开始，以节日的象征——何塞利托的下葬——结束。**8.** 诺丁山狂欢节由加勒比移民发起。节日期间，索卡、雷鬼和拉格音乐相互交织。**9.** 在芒特朗，载有铰接假人的巨大花车在城市里穿梭。"欢乐之王"嘉年华先生最后被投入节庆篝火中。

原子模型

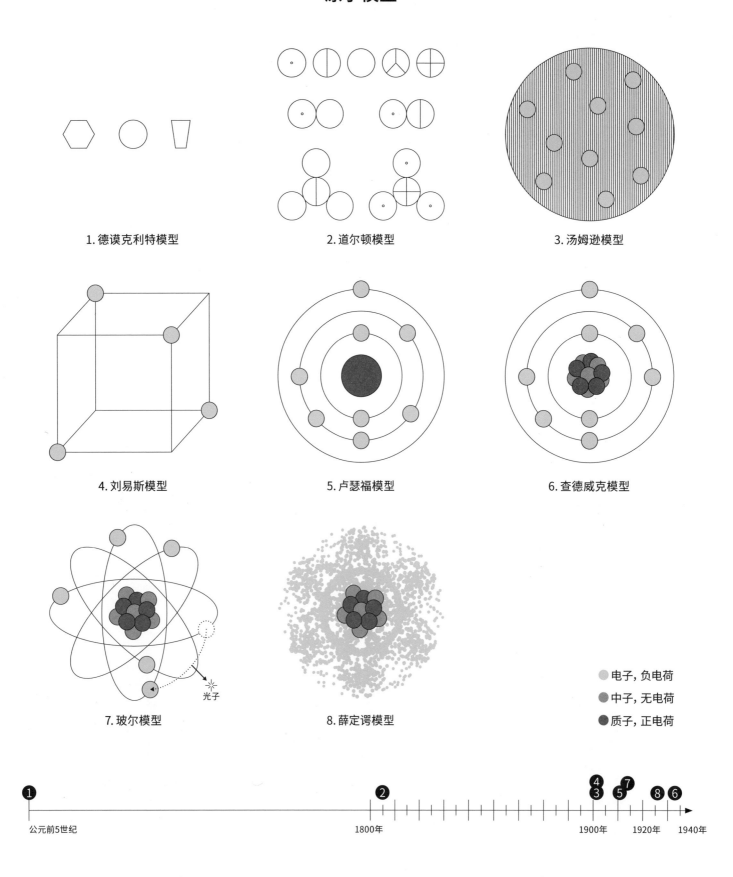

1. 德谟克利特模型　　2. 道尔顿模型　　3. 汤姆逊模型

4. 刘易斯模型　　5. 卢瑟福模型　　6. 查德威克模型

7. 玻尔模型　　8. 薛定谔模型

光子

● 电子, 负电荷

● 中子, 无电荷

● 质子, 正电荷

公元前5世纪　　1800年　　1900年　　1920年　　1940年

从古至今，众多哲学家和科学家都为"无限小"而着迷。**1.** 德谟克利特认为物质由被称为"原子"（atomos，古希腊语意为"不可分割的"）的小粒子组成。**2.** 在道尔顿模型中，物质由20个基本原子组成，不同原子用球体中的不同符号表示。**3.** 汤姆逊证明了电子的存在。在他的假说中，电子分布在梅子布丁内，构成原子。**4.** 在刘易斯模型中，立方体的边线表示电子之间形成的化学键。**5.** 卢瑟福提出原子行星模型：围绕带正电荷的原子核旋转的电子恰如围绕恒星旋转的行星。**6.** 查德威克发现一种不带电荷的粒子，即中子。它与质子一起构成原子核。**7.** 玻尔改造了卢瑟福模型：电子沿轨道运动，若轨道改变，它们就会发射出光子，即光的粒子。**8.** 在薛定谔的量子模型中，电子兼具粒子和波的特性，因此以电子云来描述电子的出现概率。这也是最新的表达形式。

仙女环

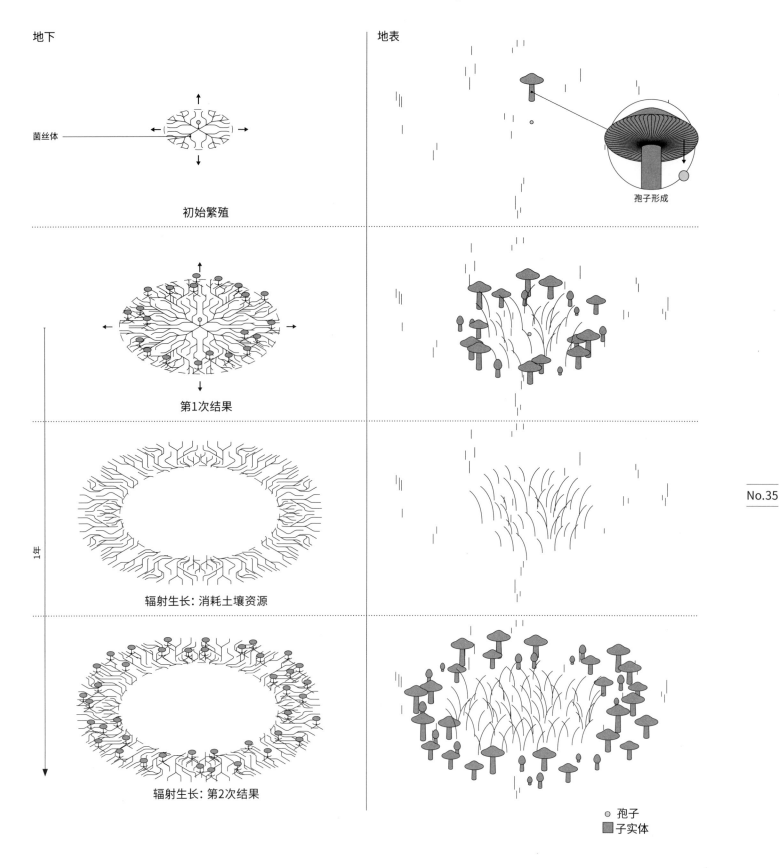

地下

菌丝体

初始繁殖

第1次结果

1年

辐射生长: 消耗土壤资源

辐射生长: 第2次结果

地表

孢子形成

● 孢子
■ 子实体

在草地上或森林里，我们有时能观察到地面上有一些圆圈，圈里要么寸草不生，要么恰恰相反，草长得比其他地方都要茂密。几个月后，那里就会长出蘑菇。中世纪时期，人们对这一现象的好奇孕育出了女巫、仙女和小妖精在满月之夜跳舞的神话。

这种自然现象实际上是由菌丝体造成的。这种蘑菇的根系分支丝网络通过交换营养物质和分泌酶，确保真菌探索、摄取养分、生长和防御。产生孢子的部分，即子实体，是

肉眼可见的（与酵母或霉菌等微观真菌不同），并且是在结果过程中形成的。"仙女环"证明了菌丝体能在最佳土壤条件（湿度、温度、有养分）下进行令人惊诧的辐射生长，其直径可在一年之内从5厘米扩张至40厘米（甚至1米）。当土壤资源耗尽时，菌丝体会形成新的圆环带，继续消耗底土资源。草的长势则根据情况不同，可能会变好，也可能会变差。

雌雄同体

1. 同时存在 ♀

苹果花

毛茛

扇贝

蚯蚓

2. 连续或顺序转变 ♀→♂ ♂→♀

小丑鱼

加拿大北极虾

鬣狮蜥

3. 幼体雌雄同体 ♂→♀ ♀→♂

大西洋蠵龟

黄鳝

性别:
♀ 雌性
♂ 雄性
— 非功能性的

　　"雌雄同体"指在一个生物体中，雌性和雄性腺体同时存在或交替存在的现象。大多数花同时具有雄性生殖器官（雄蕊）和雌性生殖器官（雌蕊）。雄蕊释放花粉，借助传粉媒介使邻近花朵的雌蕊胚珠受精（No.78）。动物界也有两种性器官同时存在的雌雄同体现象 **(1)**：扇贝的卵能同时分泌雄性和雌性配子（生殖细胞），再将它们扩散到水中；蚯蚓也是如此，但它必须与另一个体交配完成。有些物种在它们的生命周期内能改变性别，这就是我们说的连续（或顺

序）发生且不可逆的雌雄同体现象 **(2)**。例如，小丑鱼生来是雄性，只有占主导地位的个体才会成为雌性；当温度超过32℃时，鬣狮蜥就会变成雌性。早期幼体为雌雄同体 **(3)** 的动物也可以改变性别，但不再产生配子：出生时为雌性的黄鳝会在第四年变成雄性；一些海龟会随温度改变其性别，而全球变暖更加剧了这种现象。

奥维德《变形记》

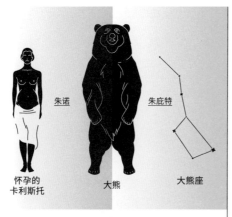

朱诺　　　　　朱庇特

怀孕的　　　　大熊　　　　大熊座
卡利斯托

1. 卡利斯托和
她的儿子阿尔卡斯
卷二，401—530

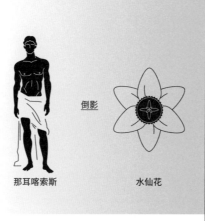

倒影

那耳喀索斯　　　　水仙花

2. 那耳喀索斯的变形
卷三，402—510

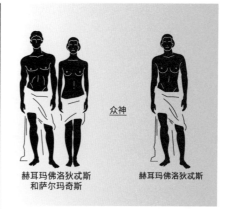

众神

赫耳玛佛洛狄忒斯　　　　赫耳玛佛洛狄忒斯
和萨尔玛奇斯

3. 萨尔玛奇斯和
赫耳玛佛洛狄忒斯的故事
卷四，337—379

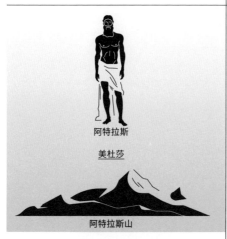

阿特拉斯

美杜莎

阿特拉斯山

4. 珀尔修斯和阿特拉斯，
后者变成了山
卷四，627—662

美杜莎

海底植物　　　　珊瑚

5. 珀尔修斯和安德洛墨达，
珊瑚的变形
卷四，740—752

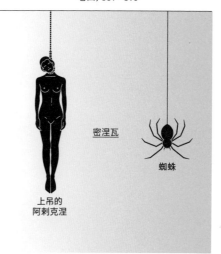

密涅瓦

上吊的　　　　蜘蛛
阿剌克涅

6. 阿剌克涅的变形
卷六，129—145

No.37

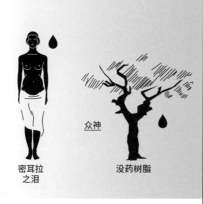

众神

密耳拉　　　　没药树脂
之泪

7. 密耳拉的逃亡与变形，
阿多尼斯的诞生
卷十，504—518

阿喀斯被巨石杀死

众神

阿喀斯河

8. 阿喀斯的死亡与变形
卷十三，885—897

变形

美杜莎
变形的原因

　　《变形记》是一部15卷长诗，由拉丁语诗人奥维德于公元1世纪写成。作品包含数百个围绕变形创作的故事。**1.** 卡利斯托被朱庇特强暴之后怀上了阿尔卡斯，心怀嫉妒的朱诺将她变成了一只熊。阿尔卡斯后来找到了他的母亲，朱庇特将他们变成了星星。**2.** 那耳喀索斯爱上了水中自己的倒影，最后因无法占有它而死去。他的长眠之地长出了水仙花。**3.** 仙女萨尔玛奇斯爱上了赫耳玛佛洛狄忒斯，并恳求众神将他们的身体永远结合在一起。她得偿所愿：他们成了一个双性者。

4. 珀尔修斯用美杜莎的头将巨人阿特拉斯变成了一座山。**5.** 珀尔修斯将美杜莎的头放在海底植物上面，这些植物就石化成了珊瑚。**6.** 嫉妒的密涅瓦摧毁了阿剌克涅的织物，阿剌克涅绝望地上吊自杀。密涅瓦心生怜悯，将她变成了一只蜘蛛。**7.** 因乱伦而怀孕的密耳拉变成了一棵没药树，树脂令人想起她的眼泪。**8.** 独眼巨人波吕斐摩斯嫉妒海仙伽拉忒亚和阿喀斯的爱情，用埃特纳火山的巨石杀死了阿喀斯。伽拉忒亚祈求众神将爱人的血液变成河流，流入大海，好与他重逢。

社会影响

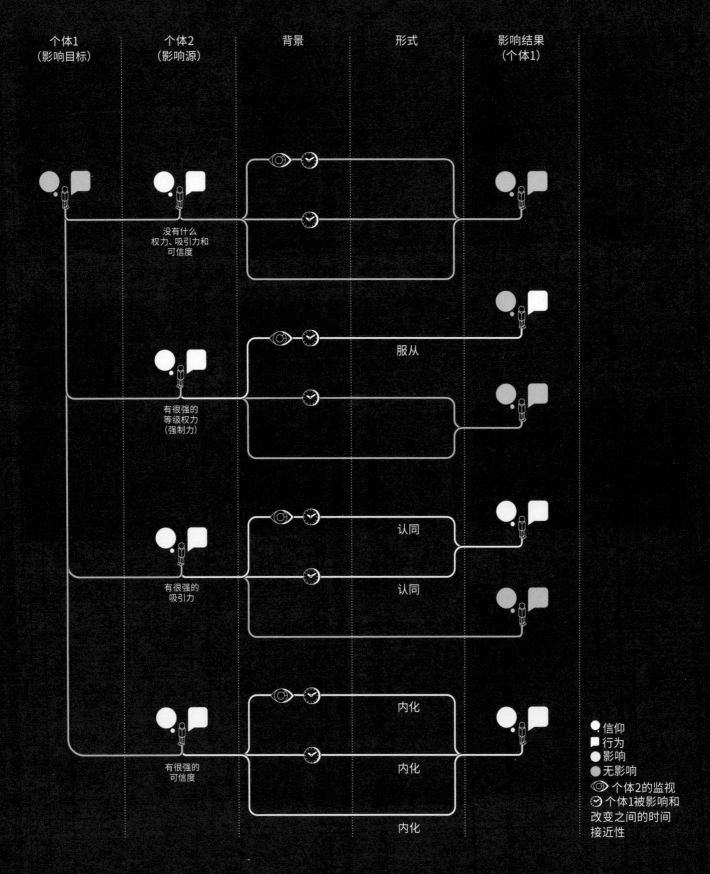

个体1
(影响目标)

个体2
(影响源)

背景

形式

影响结果
(个体1)

没有什么
权力、吸引力和
可信度

服从

有很强的
等级权力
(强制力)

认同

认同

有很强的
吸引力

内化

内化

有很强的
可信度

内化

● 信仰
■ 行为
● 影响
● 无影响
◎ 个体2的监视
⊙ 个体1被影响和
改变之间的时间
接近性

任何个体的信仰和行为都可能受到不同类型的社会影响（也称为社会压力），然后发生改变。美国心理学家赫伯特·C. 凯尔曼（Herbert C. Kelman，1927—2022）因其在个体和群体感知过程方面的研究而为人所知。1958年，在他创办的科学期刊《冲突解决杂志》中，他提出了三种具有广泛意义的社会影响（"从众"）形式：服从、认同和内化。这些形式可能涉及被迫影响（在专业或行政背景下）、情感影响（由备受尊敬的人物施加的社会压力）、其他影响（由

在经验、知识或声誉方面具有权威性的个人可信度带来）。在观察到的服从阶段，背景发挥着重要作用，具体取决于监视（特别是在胁迫的情况下）、时间接近性（特别是在认同阶段）和目标个体的个人愿望三个方面。

月球对潮汐的影响

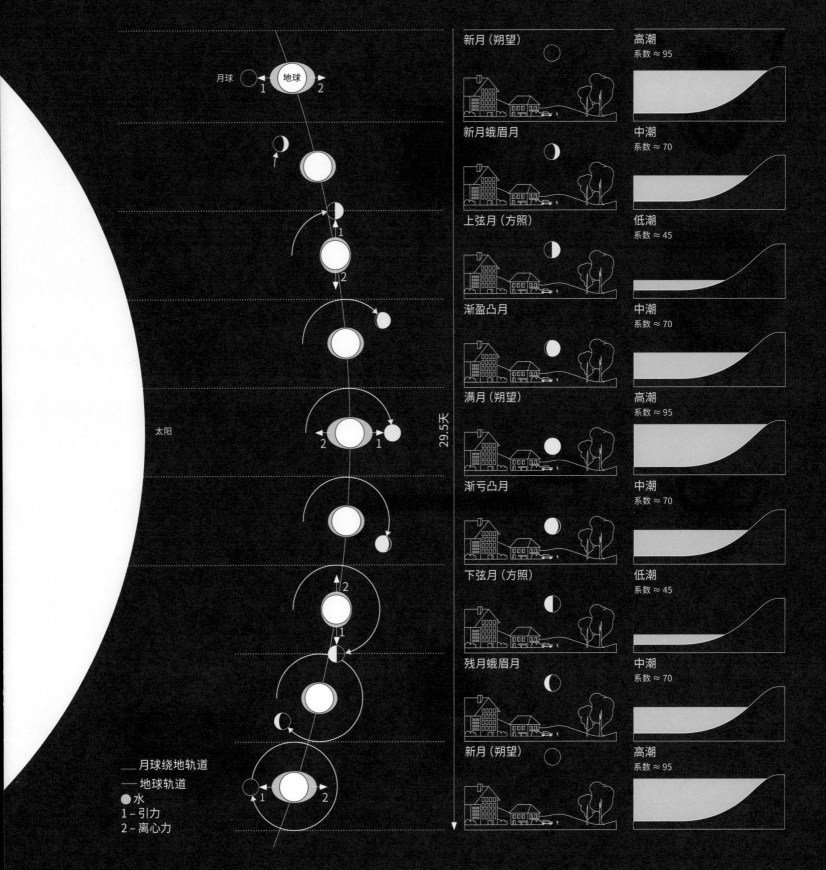

月球
地球
1
2

太阳

29.5天

—— 月球绕地轨道
—— 地球轨道
● 水
1 – 引力
2 – 离心力

新月（朔望）
系数 ≈ 95
高潮
系数 ≈ 95

新月蛾眉月
系数 ≈ 70
中潮
系数 ≈ 70

上弦月（方照）
系数 ≈ 45
低潮
系数 ≈ 45

渐盈凸月
系数 ≈ 70
中潮
系数 ≈ 70

满月（朔望）
系数 ≈ 95
高潮
系数 ≈ 95

渐亏凸月
系数 ≈ 70
中潮
系数 ≈ 70

下弦月（方照）
系数 ≈ 45
低潮
系数 ≈ 45

残月蛾眉月
系数 ≈ 70
中潮
系数 ≈ 70

新月（朔望）
系数 ≈ 95
高潮
系数 ≈ 95

　　海洋潮汐指的是海水在多种力的共同作用下发生的一种周期性变化，作用力一方面来自月球和太阳的引力；另一方面来自月球绕地球旋转、地球绕太阳旋转以及地球自转产生的离心力。因此，在持续时间约为29.5天的一个月球周期中，月球与太阳和地球的相对位置会影响海洋潮汐。新月（月球消失在夜空中）和满月（月球的可见面被完全照亮）时，地球、月球和太阳位于同一轴上，我们称为"朔望"。这些恒星的影响叠加起来，就会形成巨大的潮汐（高潮）。而当上弦月和下弦月时，

三颗恒星正交，来自月亮和太阳的作用力不累加，此时潮汐的幅度最低（低潮）。

　　虽然海洋潮汐是最明显的，但也存在可以通过火山和地震活动变化观测到的陆地潮汐，以及通过风、温度、密度和气压的定期波动变化观察到的大气潮汐。

仪式面具

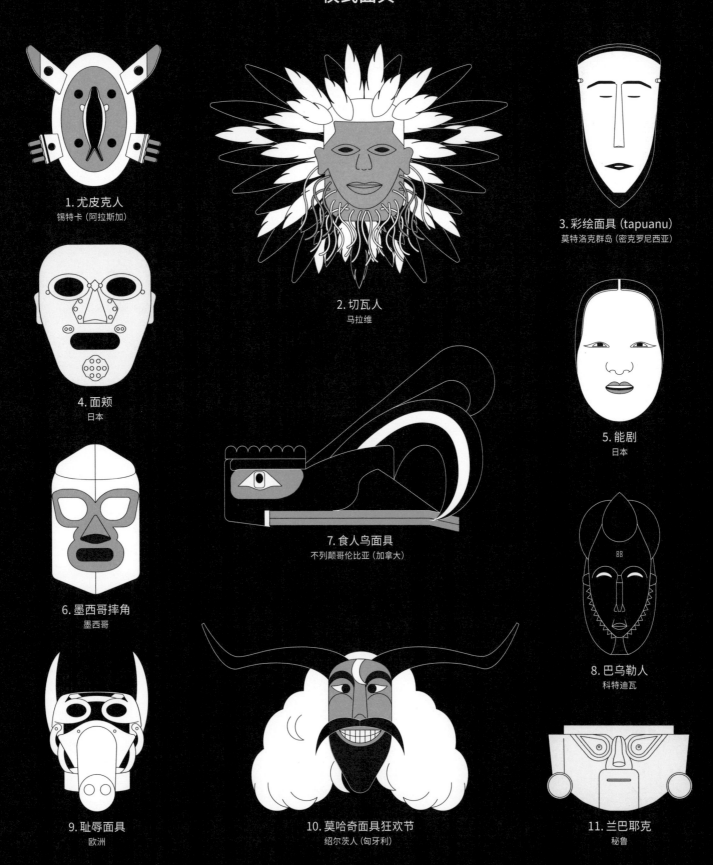

1. 尤皮克人
锡特卡（阿拉斯加）

2. 切瓦人
马拉维

3. 彩绘面具（tapuanu）
莫特洛克群岛（密克罗尼西亚）

4. 面颊
日本

5. 能剧
日本

6. 墨西哥摔角
墨西哥

7. 食人鸟面具
不列颠哥伦比亚（加拿大）

8. 巴乌勒人
科特迪瓦

9. 耻辱面具
欧洲

10. 莫哈奇面具狂欢节
绍尔茨人（匈牙利）

11. 兰巴耶克
秘鲁

　　世界各地的人们在仪式、庆典、战争和艺术中都爱戴面具。**1.** 尤皮克人在仪式上佩戴的面具由萨满祭司倡议制作，代表梦中的精灵。**2.** 在切瓦族的尼奥（Nyau）社会中，面具呈现出人类、神灵或动物的特征。**3.** 彩绘面具（tapuanu）是秘密社团在仪式期间戴的。**4.** 日本武士戴着面颊（恶魔面部盔甲）来吓唬敌人。**5.** 日本能剧起源于14世纪，主角戴着面具表演。**6. 在**墨西哥摔角比赛中，摔角手戴的面具可能会成为某些特别暴力打斗的焦点。**7.** 在美洲原住民神话中，食人鸟面具代表食人的神。**8.** 巴乌勒人的面具以自然精灵为形象。**9.** 在中世纪至19世纪的欧洲，盗窃者都会戴着耻辱面具游街示众。**10.** 在庆祝冬季结束的莫哈奇狂欢节期间，斯拉夫人（绍尔茨人）会戴上面具。**11.** 在兰巴耶克葬礼中，面具的奢华程度取决于死者生前的社会地位。

不可能的图形

1. 博罗梅安环
公元2世纪

2. 不可能的立方体
1958年

3. 彭罗斯三角
1958年

4. 彭罗斯楼梯
1958年

5. 埃舍尔瀑布坡道
1961年

6. 恶魔叉子
1964年

　　虚构的结构背离物理定律，不可能的图形产生悖论，这是大脑认知错误产生的结果。无论是谁看到这些图形，都会"简化"它们，使其变得被接受。研究人员对此提出了一种解释：观察者试图快速理解平庸的情况，即使它包含一些错误。

　　1. 博罗梅安环是三个互相交错的圆，就算变形，也无法将它们分开。**2.** 不可能的立方体，边缘前后相交，由荷兰艺术家莫里茨·科内利斯·埃舍尔（Maurits Cornelis Escher）于1958年创作。**3.** 1958年，数学家罗杰·彭罗斯（Roger Penrose）描述了一种以他的名字命名的图形，这是一个三个边连为一体的立体三角形。**4.** 彭罗斯楼梯由罗杰·彭罗斯的父亲设计，经过四个直角转弯后回到起点。**5.** 受彭罗斯三角的启发，埃舍尔设计出瀑布坡道。**6.** "恶魔叉子"，也称"双叉三叉戟"，由一端的三根圆柱形叉头和另一端的两根矩形叉头末端组成。

死亡地带

太平洋

北冰洋

印度洋

大西洋

150米深处的溶解氧饱和度（%）　　缺氧　　缺氧症

100　80　60　40　30　20　0

○ 沿海死亡地带名录（2022年）

4. 排放温室气体

2. 人类污染（营养物质）

1. 阳光促进藻类进行光合作用

3. 富营养化

　　氧气含量低到生物无法生存的水域被称为"死亡地带"或"缺氧区"，涉及海洋、湖泊、河口和池塘，表面积从不足1平方千米到数万平方千米不等。由于缺乏氧气，水生动、植物被困并窒息而死。虽然存在天然形成的死亡地带（如黑海深处），但大多数是人类活动的结果——工业污染或集约化农业使水域吸收了过多的营养物质。例如，氮和磷使藻类大量繁殖（富营养化），从而导致水域缺氧。全球变暖加剧了这一现象，死亡地带进一步蔓延至海岸附近和海洋深处。

　　2006年，水下机器人拍摄到了美国纽波特南部的一片死螃蟹墓地。当地渔民注意到大量石斑鱼、海参和海葵汇集在它们不常出现的区域，似乎是从拍摄区域逃离出来的，因为那里的氧气含量曾经骤减。

SKA射电望远镜

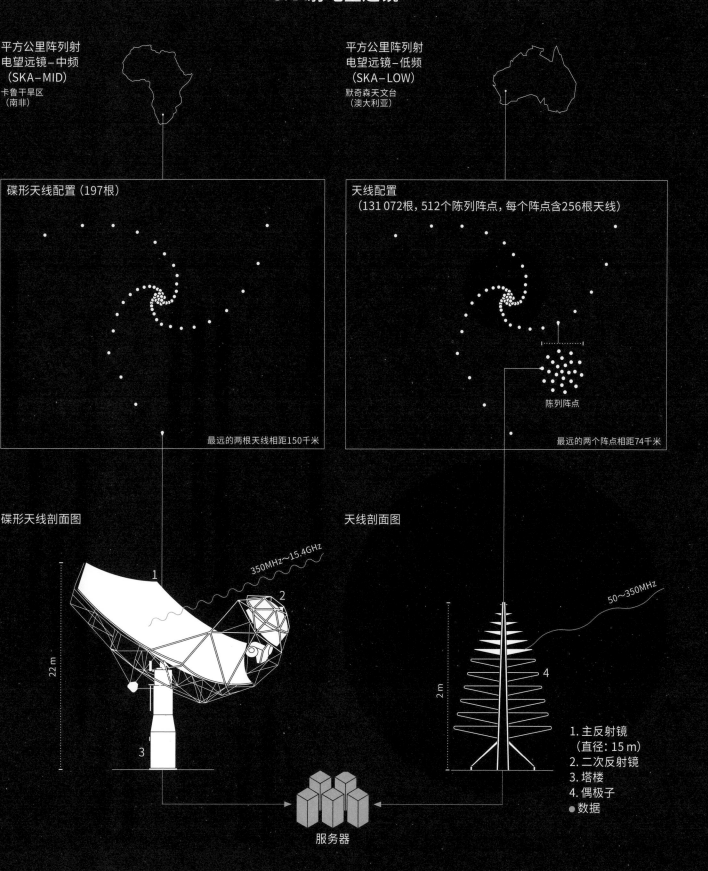

平方公里阵列射
电望远镜–中频
（SKA-MID）

卡鲁干旱区
（南非）

平方公里阵列射
电望远镜–低频
（SKA-LOW）

默奇森天文台
（澳大利亚）

碟形天线配置（197根）

天线配置
（131 072根，512个陈列阵点，每个阵点含256根天线）

陈列阵点

最远的两根天线相距150千米

最远的两个阵点相距74千米

碟形天线剖面图

天线剖面图

350MHz～15.4GHz

50～350MHz

22 m

2 m

1. 主反射镜
　（直径：15 m）
2. 二次反射镜
3. 塔楼
4. 偶极子
● 数据

服务器

　20世纪80年代，科学家估计，部署一台能够探测宇宙深处辐射或搜索地外信号的射电望远镜（No.121）需要1平方千米。40年后，政府间合作地面天文学组织——SKAO（平方公里阵列天文台）成立，并负责建造世界上最大的两台射电望远镜——SKA-MID（近200个蝶形天线）和SKA-LOW（512个陈列阵点，131 072根天线），分别分布在南非和澳大利亚。一旦投入运行，SKAO将能观测频率在50兆赫兹到15千兆赫兹及以上的无线电波。它能使我们观测宇宙特别早期的时刻，例如宇宙的黎明——第一批恒星和星系开始形成的时刻，约始于"大爆炸"（No.124）之后的几亿年。它还将观测脉冲星（发射强大电磁辐射的中子星），这些脉冲星可以将我们的星系变成一个巨大的引力波探测器。

粉尘计量

颗粒物 (PM) 大小的横截面比较

颗粒物的分类, 按直径 (单位: 微米)

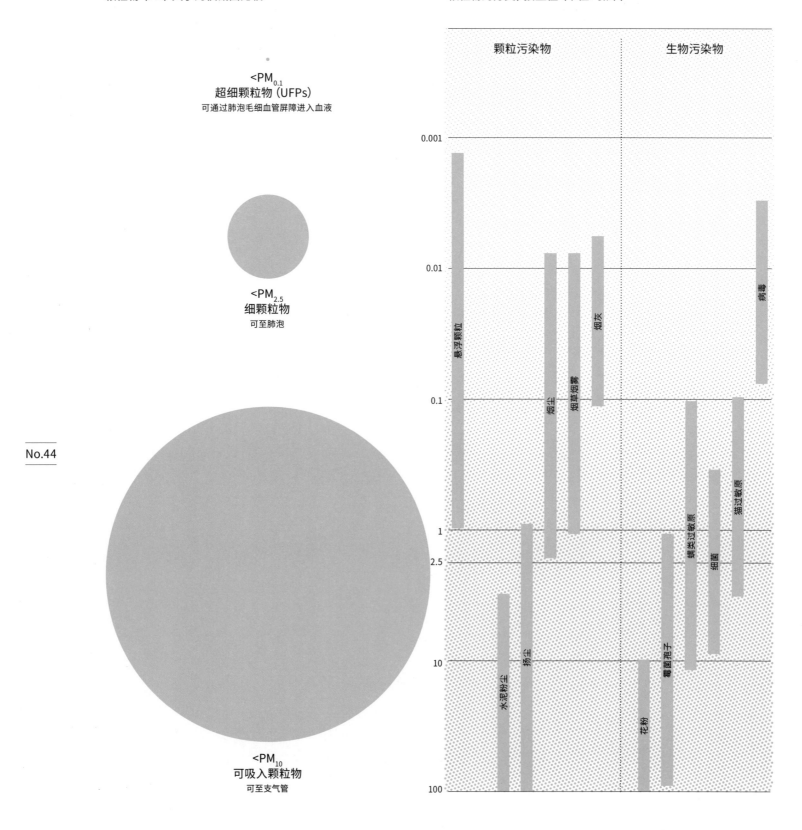

　　描述粉尘的专业术语是"颗粒物"（PM）或"大气气溶胶"。它们可能源于自然现象，如火山爆发、土壤侵蚀、森林火灾（No.4）或沙尘暴。例如，来自撒哈拉沙漠的热风"卡利马"（calima）升至6 000米的高空处，把沙漠中的沙尘带到欧洲，将天空染成壮观的橙色。它们也可能是人类活动的结果，例如道路交通或工业燃烧产生的污染（雾霾，一种混合了煤灰的雾气，其含量峰值时期促使人类开始研究它对健康的影响）。粉尘会污染环境，而当它们到达呼吸道时，就会损害人类健康。人们根据粉尘大小对其分类：PM10最深可达支气管；PM2.5最远可达肺泡。世界卫生组织已经确定，PM2.5每年会导致400多万人死于心血管疾病和癌症等疾病，为此，为减少人为粉尘，多国政府已制定了相关政策。

放射性废物的储存

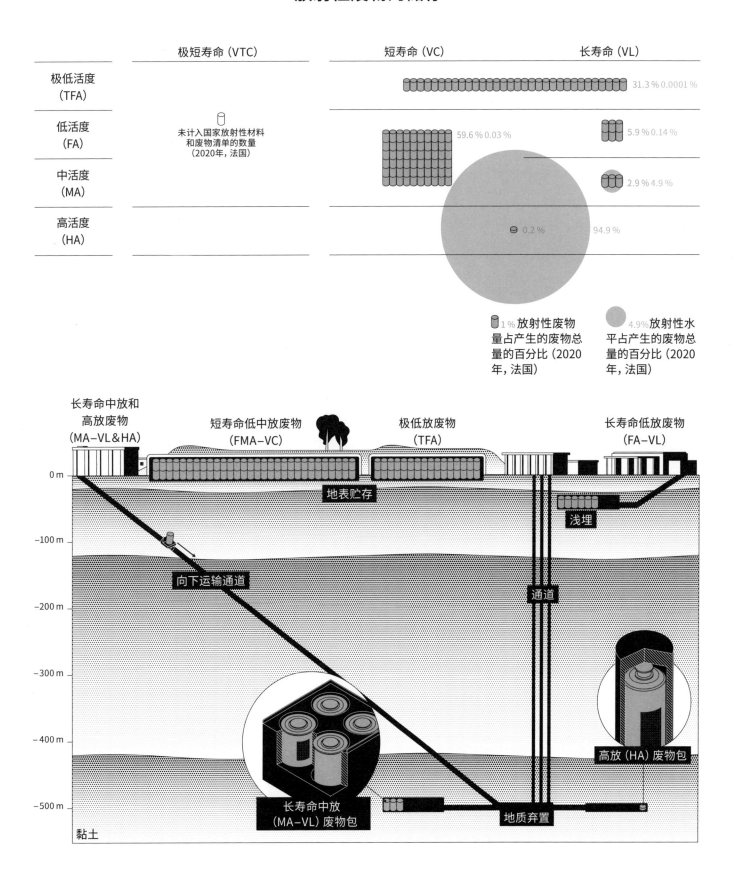

	极短寿命（VTC）	短寿命（VC）	长寿命（VL）
极低活度 （TFA）			31.3 % 0.0001 %
低活度 （FA）	未计入国家放射性材料 和废物清单的数量 （2020年，法国）	59.6 % 0.03 %	5.9 % 0.14 %
中活度 （MA）			2.9 % 4.9 %
高活度 （HA）		0.2 %	94.9 %

1 % 放射性废物量占产生的废物总量的百分比（2020年，法国）

4.9% 放射性水平占产生的废物总量的百分比（2020年，法国）

长寿命中放和高放废物（MA–VL&HA）

短寿命低中放废物（FMA–VC）

极低放废物（TFA）

长寿命低放废物（FA–VL）

地表贮存

浅埋

0 m

向下运输通道

-100 m

通道

-200 m

-300 m

高放（HA）废物包

-400 m

长寿命中放（MA–VL）废物包

地质弃置

-500 m

黏土

No.45

放射性废物主要产自核工业，根据废物放射性的持续时间（寿命）和放射强度（活度）可对其分类。极低放废物（TFA）储存在黏土层（地表贮存）。短寿命中低放废物（FMA–VC）经过焚烧、熔化、包裹或压缩后，被装入金属或混凝土容器中，同样储存于地表。而长寿命高放废物（HA–VL）的危险期长达几十万年，需要被长期保护。深层地质弃置被认为"更安全"，因此逐渐成为各国首选方案。然而，这项方案也引发了一系列物流、环境和伦理问题。例如，如何让子孙后代知晓这些储存地及其危险性？虽然人们已经使用了各种方法来记忆这些储存地，但风险依然存在。试想10万年后，人类将如何理解用于表明此类废物存在的象形图、告示、警告或媒介（纸张、金属等）呢？

天体

星系

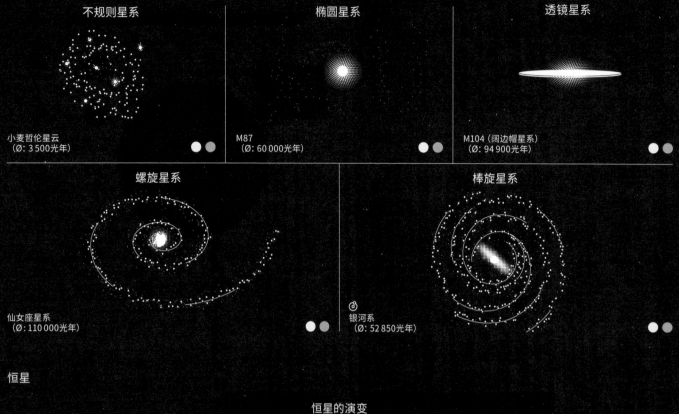

不规则星系
小麦哲伦星云
(Ø: 3 500光年)

椭圆星系
M87
(Ø: 60 000光年)

透镜星系
M104（阔边帽星系）
(Ø: 94 900光年)

螺旋星系
仙女座星系
(Ø: 110 000光年)

棒旋星系
银河系
(Ø: 52 850光年)

恒星

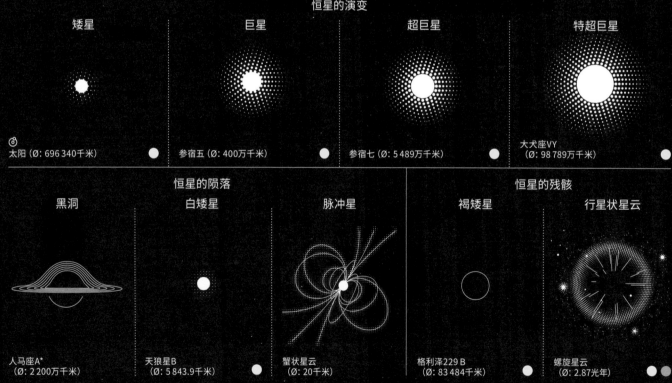

恒星的演变

矮星
太阳 (Ø: 696 340千米)

巨星
参宿五 (Ø: 400万千米)

超巨星
参宿七 (Ø: 5 489万千米)

特超巨星
大犬座VY
(Ø: 98 789万千米)

恒星的陨落

黑洞
人马座A*
(Ø: 2 200万千米)

白矮星
天狼星B
(Ø: 5 843.9千米)

脉冲星
蟹状星云
(Ø: 20千米)

恒星的残骸

褐矮星
格利泽229 B
(Ø: 83 484千米)

行星状星云
螺旋星云
(Ø: 2.87光年)

我们用"宇宙地平线"来定义可观测的宇宙边界。宇宙由无数不同的天体组成，直径近1 000亿光年。除此之外，我们只能对其有限性提出猜想。在这个已知的宇宙中，有2万亿个星系，它们由无数恒星（宇宙中共有70万亿颗）和行星组成，通常在其中心包含一个黑洞。各星系形状各异，有螺旋形、透镜状、椭圆形和不规则形等。恒星在其中诞生、成长、死亡，最终留下恒星残骸。恒星周围是行星，它们在各自的轨道上绕恒星运转。2022年确认存在5 069颗行星，包括由岩石和金属构成的类地行星、由氦和氢组成的气态巨行星、含有甲烷和氨的冰态巨行星，以及太阳系外的系外行星。然而，天体对我们来说仍然浩如烟海，无论是较小的还是不依附于任何行星或恒星系统的天体，它们的特征由其位置和大小决定。例如，轨道超出海王星轨道的天体被称为跨海王星；按大小又可以分为矮行星、小行星及半人马小行星……

天然行星和卫星

类地行星 ◉

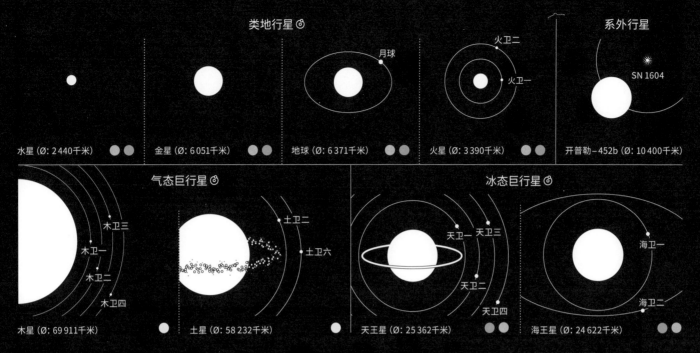

水星 (Ø: 2 440千米) ●●　　金星 (Ø: 6 051千米) ●●　　地球 (Ø: 6 371千米) 月球 ●●　　火星 (Ø: 3 390千米) 火卫二 火卫一 ●●　　系外行星 SN 1604 开普勒–452b (Ø: 10 400千米)

气态巨行星 ◉　　冰态巨行星 ◉

木星 (Ø: 69 911千米) 木卫三 木卫一 木卫二 木卫四 ●　　土星 (Ø: 58 232千米) 土卫二 土卫六 ●　　天王星 (Ø: 25 362千米) 天卫一 天卫三 天卫二 天卫四 ●　　海王星 (Ø: 24 622千米) 海卫一 海卫二 ●●

小型天体

矮行星　　小行星　　半人马　　近地天体 ◉

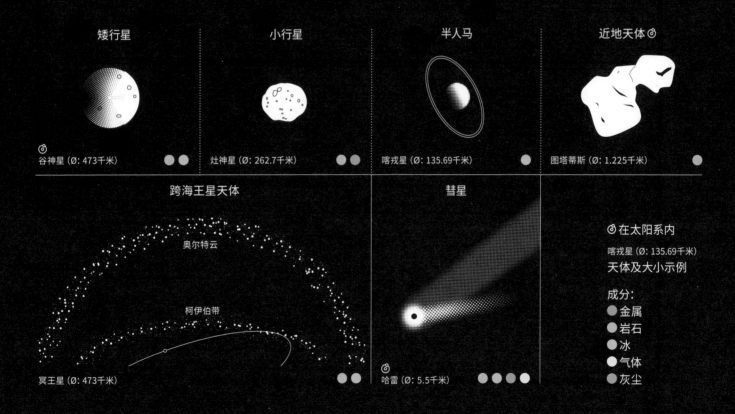

♀ 谷神星 (Ø: 473千米) ●●　　灶神星 (Ø: 262.7千米) ●●　　喀戎星 (Ø: 135.69千米) ●　　图塔蒂斯 (Ø: 1.225千米) ●

跨海王星天体　　彗星

奥尔特云

柯伊伯带

冥王星 (Ø: 473千米) ●●　　哈雷 (Ø: 5.5千米) ●●●●

◉ 在太阳系内

喀戎星 (Ø: 135.69千米)
天体及大小示例

成分:
● 金属
● 岩石
● 冰
● 气体
● 灰尘

"无垠的宇宙中有无数颗恒星，我们的太阳就是其中之一。模糊的世界围绕着这些恒星运转，我们的地球就是其中之一。当我们面对无限时，我们的世界以及它所拥有的一切很快就会淡化和消失。但同时，一个相反的事实却显现和发展出来：刚才在我们看来还点缀着难以捉摸的亮点的无穷大，现在却变成了一个巨大的、广阔的、无边无际的居所，在那里盘旋着无数个太阳。"

——卡米耶·弗拉马里翁，《天文学研究与讲座》
(*Études et lectures sur l'astronomie*)，第1卷，1867—1880年。

科学革命

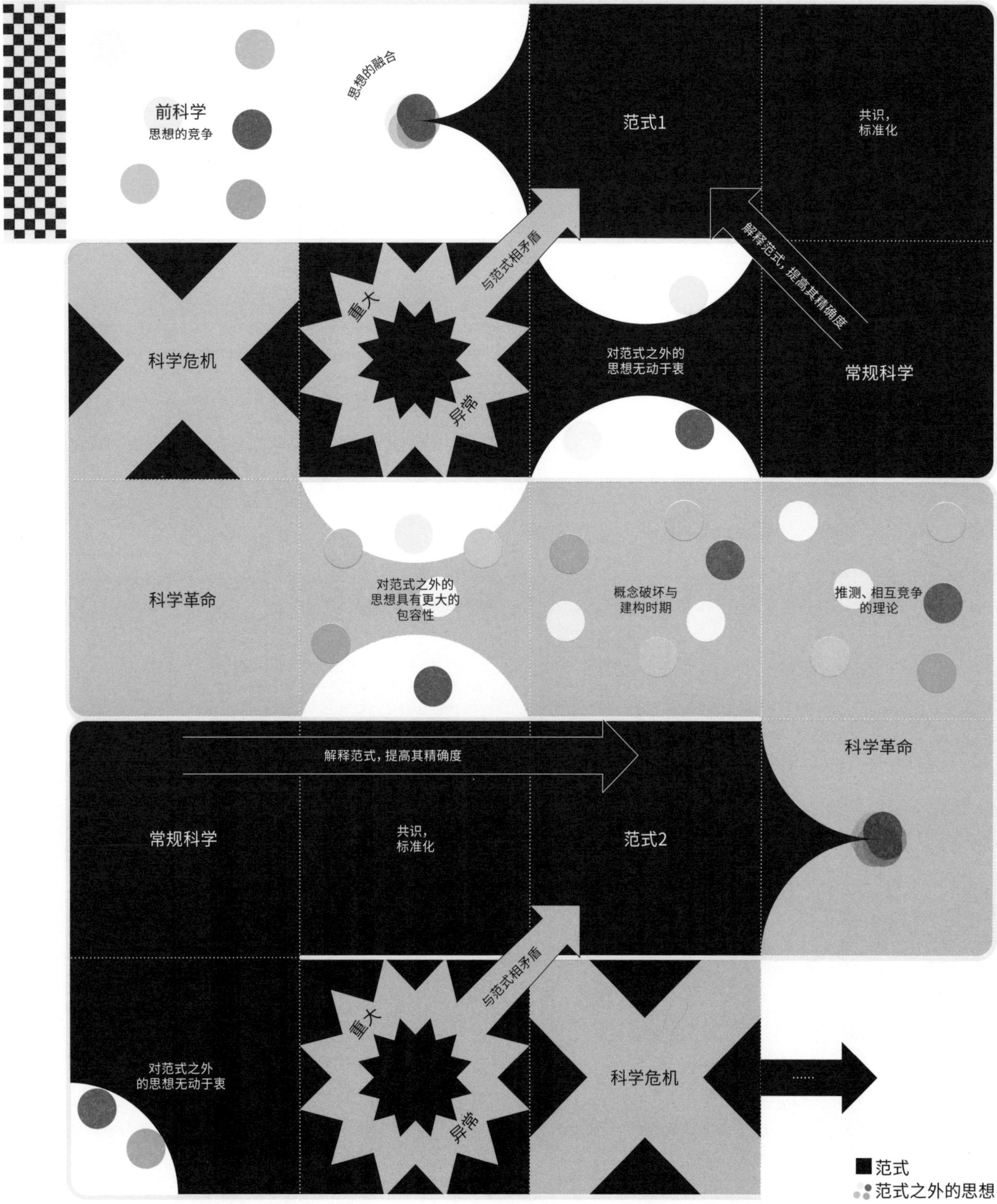

图例：
- 范式
- 范式之外的思想

图中文字：
- 前科学 / 思想的竞争
- 思想的融合
- 范式1
- 共识，标准化
- 与范式相矛盾
- 解释范式，提高其精确度
- 科学危机
- 重大异常
- 对范式之外的思想无动于表
- 常规科学
- 科学革命
- 对范式之外的思想具有更大的包容性
- 概念破坏与建构时期
- 推测、相互竞争的理论
- 解释范式，提高其精确度
- 常规科学
- 共识，标准化
- 范式2
- 科学革命
- 重大异常
- 与范式相矛盾
- 对范式之外的思想无动于表
- 科学危机
- ……

　　美国科学哲学家托马斯·库恩（Thomas Kuhn）在《科学革命的结构》一书中假设，科学理论的演变是不连续的动态产物，分为两个主要的可替代阶段：常规科学和科学革命。他将范式定义为允许科学家对理念进行测试、强化或反驳的思想规范。当过多异常现象（原始范式或竞争理论应用失败）被揭示出来，科学就会陷入一场革命，从而创造新范式。例如，望远镜的观测使我们能够采纳宇宙膨胀理论，从而诞生了"大爆炸"（No.124）。英国物理学家弗雷德·霍伊尔（Fred Hoyle）曾讽刺性地使用该词，因为他更认同静态宇宙模型——永恒不变的宇宙。另一场革命发生在16世纪，哥白尼反对当时科学界公认的"地球在宇宙中心静止"的观点，为"地球绕太阳旋转"的观点辩护。托马斯·库恩认为，范式的转换不仅对应科学的演变，也对应世界观的变化。

熵

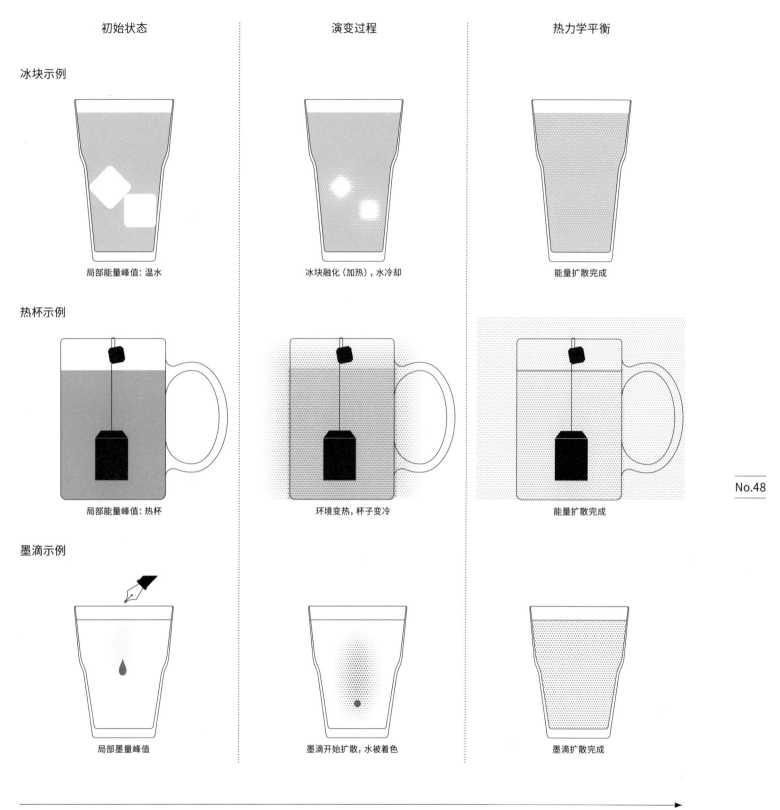

初始状态   演变过程   热力学平衡

冰块示例

局部能量峰值: 温水   冰块融化（加热），水冷却   能量扩散完成

热杯示例

局部能量峰值: 热杯   环境变热，杯子变冷   能量扩散完成

墨滴示例

局部墨量峰值   墨滴开始扩散，水被着色   墨滴扩散完成

时间/熵增加

　　"我特意创造了'熵'（entropy），以便它尽可能地接近'能量'（energy）；这两个量在物理意义上非常相似，因此相似的命名对我来说很有用。"热力学之父——德国物理学家鲁道夫·克劳修斯（Rudolf Clausius，1822—1888）的这句话揭示了该物理领域的关键。热力学主要研究能量的转移及其对物质性质的影响。熵是一个解释系统混乱程度的量，表示能量的"分散"程度。克劳修斯将这个量引入热力学第二定律：孤立系统的熵永远不会减少。那么在一个可以被视为孤立系统的宇宙中，熵就会增加。该物理现象是不可逆的，这也意味着热量永远不可能自发地从冷的物体传递到热的物体，熵增与时间之矢具有同向性。如果我们拍摄了一个物体被折断或煮鸡蛋的视频，当我们倒放观看时，该视频就失去了其物理意义。

磁罗盘的方向

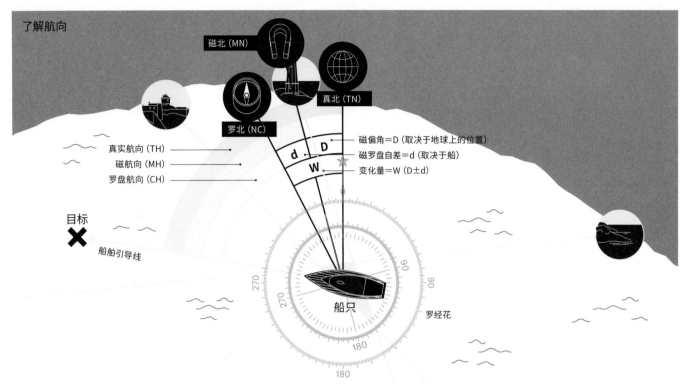

了解航向

磁北（MN）

真北（TN）

罗北（NC）

真实航向（TH）
磁航向（MH）
罗盘航向（CH）

磁偏角＝D（取决于地球上的位置）
磁罗盘自差＝d（取决于船）
变化量＝W（D±d）

目标

船舶引导线

船只

罗经花

真实航向（TH）　＝罗盘航向（CH）　± 磁偏角（**D**）± 磁罗盘自差（**d**）

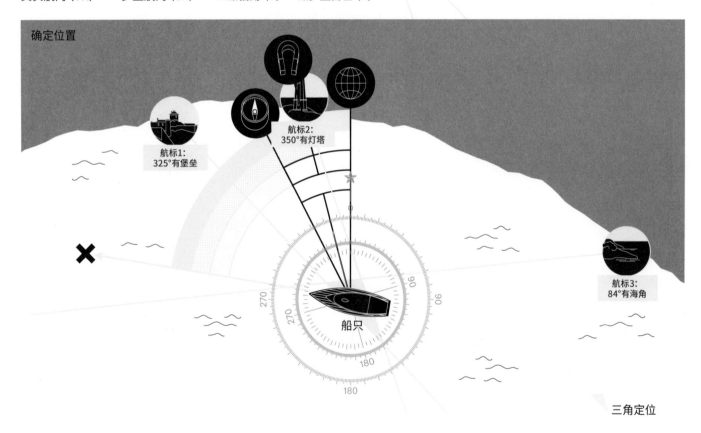

确定位置

No.49

航标1：
325°有堡垒

航标2：
350°有灯塔

航标3：
84°有海角

船只

三角定位

　　磁罗盘对导航而言不可或缺，它的主要功能是利用受地球磁场吸引的磁针来指示北方。一张航海图上同时存在若干个"北"：罗盘上的罗北（NC）偏离磁北（MN）（No.97），而磁北和真北（TN，地理北极，与地球的自转轴相一致）之间也有偏差。为确定航线，水手们必须考虑航海文件上标明的"磁偏角"（真北与磁北之间的偏差值，取决于船在地球上的位置）。布列塔尼的磁偏角较小，为偏西1°～2°；到了瓜德罗普岛，则变为偏西14°；印度洋南部的磁偏角则偏

西50°。另外，水手们还须考虑"磁罗盘自差"，这是由于船自身的磁效应引发的偏差，需通过调整罗盘来测量。磁偏角和磁罗盘自差之和就是校正磁罗盘数据并确定真实航向（TH）所需的变化值。通过记录三个航标（海岸上的固定地标）与真北的夹角，可以确认自己在地图上的位置。

平衡器官

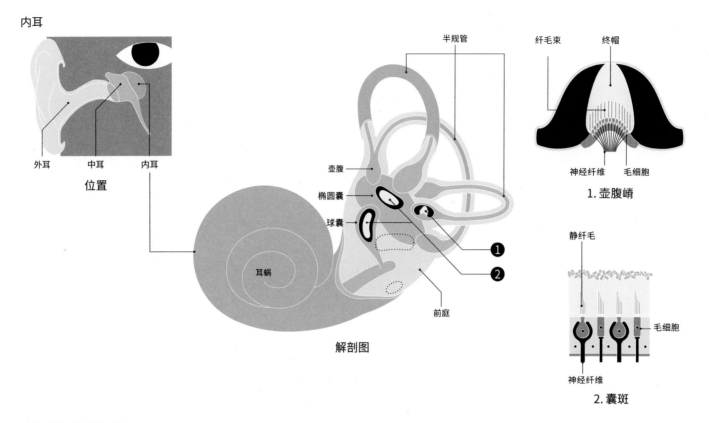

内耳

外耳　中耳　内耳
位置

半规管

纤毛束　终帽

壶腹
椭圆囊
球囊

耳蜗

① ②

前庭

解剖图

神经纤维　毛细胞

1.壶腹嵴

静纤毛

毛细胞

神经纤维

2.囊斑

前庭系统（空间定向）

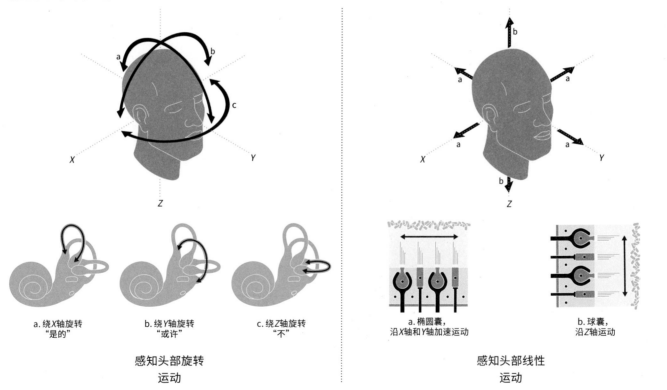

a　b　c

X　Y

Z

a.绕X轴旋转
"是的"

b.绕Y轴旋转
"或许"

c.绕Z轴旋转
"不"

感知头部旋转
运动

b

a　a

a　a

X　Y

b

Z

a.椭圆囊，
沿X轴和Y轴加速运动

b.球囊，
沿Z轴运动

感知头部线性
运动

　　前庭位于内耳，是人体的一组感觉器官。当我们转动头部或身体时，它能帮助我们稳定周围事物的图像。它是我们身体内部的GPS，被称为"平衡装置"或"平衡器官"，与眼睛、皮肤、肌肉或关节中的神经传感器的活动相辅相成。前庭系统由前庭腔（椭圆囊和球囊）和三个半规管组成。在这些通道内，有种液体（内淋巴）会根据头部的转动而移动。内淋巴将这种运动传递到位于壶腹嵴的感觉纤毛。前庭腔的纤毛位于囊斑中，可以感知并传递线性运动。为了调节

身体的平衡和姿势，大脑从不同的感觉器官接收大量的信息。如果信号不一致，大脑会选择最可靠的信息。不过，信息之间有时也会产生较大差异，比如我们晕车时，眼睛和内耳会传回相互矛盾的信息。受某些疾病、事故以及年龄影响，这个脆弱的器官也会受到损害，出现头晕、眼花和视力模糊等症状。

太阳周期

观测太阳黑子

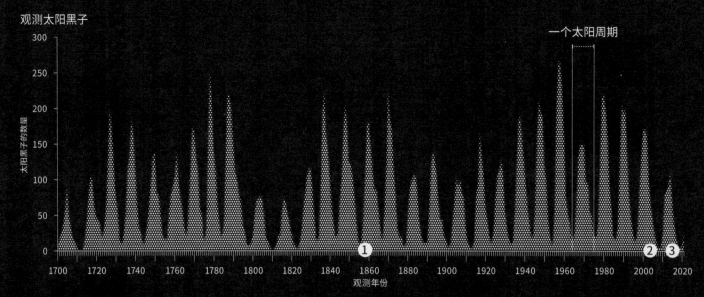

太阳爆发

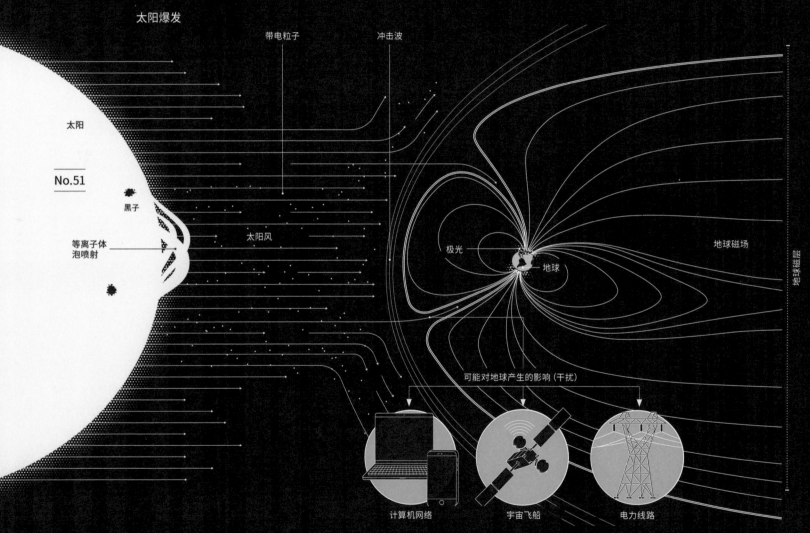

在太阳表面，我们能够观测到有些事件定期重复发生：太阳黑子的数量和表面积变化以及太阳爆发的频率证明太阳存在一个活动周期，平均时长为11.2年。太阳黑子——温度较低但磁场较强的区域——很容易被观察到，因为它们在天体表面的亮度很暗。自17世纪起，欧洲就有关于它们的统计数据记录。太阳爆发是由于太阳抛射出大量等离子体，加速了太阳风。在这种情况下，带电粒子流以平均450千米/秒的速度撞击地球，并最终增加至2 500千米/秒。如

果地球磁层（由地球磁场产生的保护罩，No.97）边缘处的冲击波使水平粒子发生强烈偏转，我们有时会感受到这些爆发带来的影响：能在夏威夷和新加坡见到极光（1）；足以扰乱航空运输的强烈磁暴（2）；美国国家航空航天局（NASA）甚至预测过一场"巨大太阳风暴"，而地球在2012年侥幸逃脱（3）。

火山喷发

I. 夏威夷式喷发

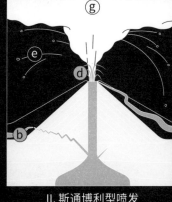

II. 斯通博利型喷发

III. 武尔卡诺型喷发

IV. 培雷式喷发

V. 普林尼式喷发

VI. 苏特塞式喷发

● 岩浆
● 水

a. 火山喷气
b. 熔岩流
c. 熔岩湖
d. 熔岩喷泉
e. 火山炸弹和火山砾
f. 火山灰雨
g. 喷发柱
h. 火山碎屑流
i. 熔岩穹丘
j. 浮石沉降
k. 水蒸气
l. 柏状喷发柱

No.52

爆发指数

数十亿年来，火山喷发塑造了地表以及海底的地貌。为了解火山喷发的过程并预测它们对环境和人类社会所造成的影响，火山学家根据喷发活动是否为喷发性（熔岩流的排放，**I和II**）和爆炸性（向大气中排放灰烬、块、炸弹等颗粒物，**II至VI**），提供了第一种类型的喷发活动分类。其他更精细的类别主要以火山所在的地理区域命名，用于描述喷发类型。喷发类型并不能刻画特定火山的行为，因为火山在不断演化，每次喷发活动都是独一无二的。

不同的火山喷发活动也可以根据其爆炸性分类，爆炸性取决于喷出物质的体积和火山灰云的高度。1991年，皮纳图博火山（菲律宾）喷发的爆发指数为6，是近百年来最猛烈的一次，也对全球气候产生了数年的影响。

地球上水的起源

外生假设

1. 哈特雷二号彗星（103P/Hartley）的核心成分

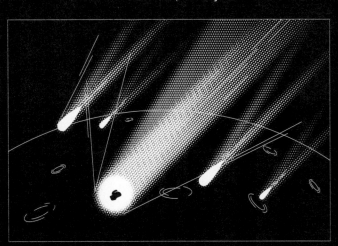

2. 彗星撞击地球

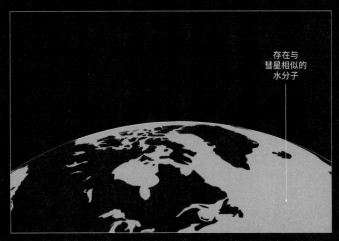

3. 形成海洋

内生假说

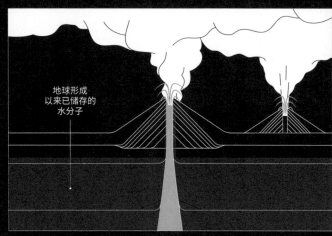

1. 地幔脱气

2. 云层

3. 洪水形成海洋

地球是已知唯一一颗稳定存在液态水的天体。也许，水曾经在火星或金星的表面流动过。那么，地球上的水是从哪里来的呢？关于这个问题有两种被广泛认可的假设。外生假说认为水来自地外物质：彗星（No.77）或陨石（No.3）上存在以冰的形式贮存的水分子。它们可能在44亿年前撞击过地球，使地球形成了海洋。内生假说提出了一个在地球内部发生的过程：地球形成时，大量的火山活动使气体和水蒸

水的诞生也有可能是以上两个因素共同作用的结果。

活体细胞主要由水组成，为了在宇宙中寻找该元素，天体物理学家付出了巨大的努力：找到液态水就是找到生命。在儒勒·凡尔纳的小说《海底两万里》中，尼摩船长热情地说道："大海就是一切！……可以说，地球始于海洋，说不定将来还会最终归于海洋呢！"

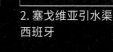

1. 尼姆水道桥
法国　📅 40—50　🧭

2. 塞戈维亚引水渠
西班牙　📅 100　🧭

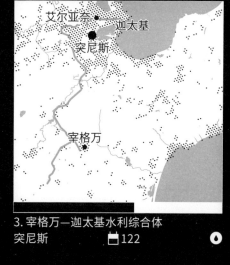

3. 宰格万—迦太基水利综合体
突尼斯　📅 122　💧

4. 瓦讷和卢万渡槽
法国　📅 1866　💧

5. 科罗拉多河渡槽
美国　📅 1933　💧

6. 派延奈湖渡槽
芬兰　📅 1972　💧

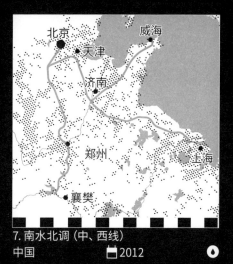

7. 南水北调 (中、西线)
中国　📅 2012　💧

—渡槽

使用中：
💧 是
🧭 否

📅 建造完成时间

比例尺
千米

建筑工程负责将饮用水输送至城市，渡槽用于将水从储存盆地输送至离河流最远的城市。**1.** 著名的加尔桥共三层，建在连接于泽斯和尼姆的引水渠路线上。**2.** 塞戈维亚引水渠是西班牙古罗马帝国最重要的遗迹，其平均纬度仅为 1%。**3.** 为抵御干旱，罗马皇帝哈德良组织建造了全长 132 千米的水道桥，将宰格万山区的水输送到迦太基。**4.** 受奥斯曼男爵委托，瓦讷和卢万渡槽将水从勃艮第输送到巴黎，全长 156 千米。**5.** 科罗拉多河渡槽拥有 148 千米长的隧道、135 千米

长的地下管道和虹吸管，以及长达 100 千米的运河，自 1955 年以来一直被视为"美国土木工程现代七大奇迹"之一。**6.** 派延奈湖渡槽为赫尔辛基提供水源，长 120 千米，因其开凿于岩石中而受人瞩目。**7.** "南水北调"是中国的战略性工程，分东、中、西三条线路。中线和西线工程于 2002 年启动，受水区域为华北地区。

黏菌的智商

1. 迷宫实验（中垣俊之，2000年）

a. 对照　　　　　　　　　　b. 探索　　　　　　　　　　c. 网络优化

2. 寒冷刺激实验（中垣俊之，2008年）

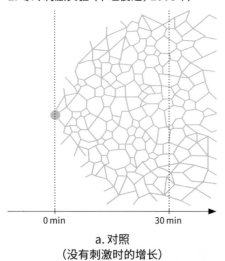 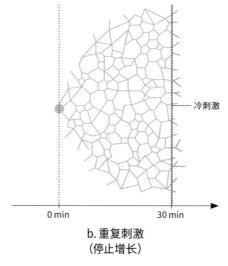 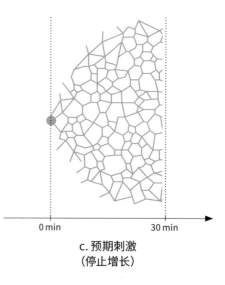

a. 对照
（没有刺激时的增长）　　　　　b. 重复刺激
（停止增长）　　　　　c. 预期刺激
（停止增长）

3. 盐桥实验（奥黛丽·杜苏图尔，2016年）

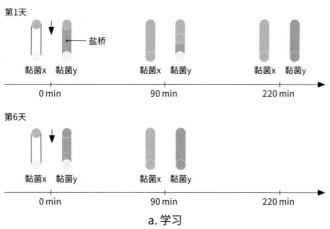 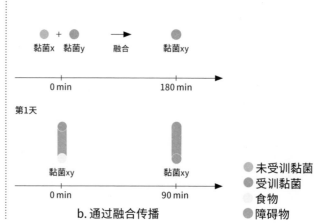

a. 学习　　　　　　　　　　　　b. 通过融合传播

图例：未受训黏菌、受训黏菌、食物、障碍物

黏菌不是动物或植物，也不是真菌，而是一种单细胞生物，出现于约7亿年前。它只有一个细胞，没有任何大脑结构，却具有学习和解决某些复杂问题的能力。例如，通过网络优化，它能找到获取食物的最快路线**（1）**。若反复受到冷刺激，它将害怕并停止增长，以预测下一个刺激何时发生**（2）**。当被不喜欢的物质挡住去路时，比如涂满咖啡因或奎宁的"盐桥"，黏菌会学习思考，如果物质无害，就会忽略并穿过**（3）**。这就是我们所说的"习惯化"，也是科学家首次在单细胞生物中观察到这一现象。然而，黏菌的智商不只如此：它能够与同伴交流，特别是通过暂时与其中一个同伴融合来分享学到的知识，或是通过排出附近其他同伴能感知到的分子来发出危险警报。

布利斯符号

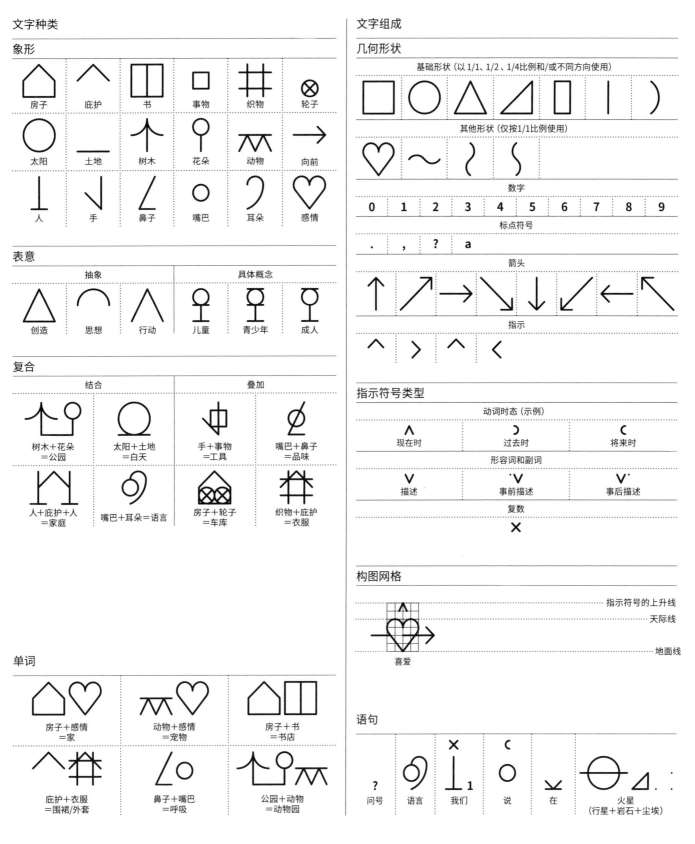

文字种类

象形

房子	庇护	书	事物	织物	轮子
太阳	土地	树木	花朵	动物	向前
人	手	鼻子	嘴巴	耳朵	感情

表意

抽象			具体概念		
创造	思想	行动	儿童	青少年	成人

复合

结合		叠加	
树木+花朵 =公园	太阳+土地 =白天	手+事物 =工具	嘴巴+鼻子 =品味
人+庇护+人 =家庭	嘴巴+耳朵=语言	房子+轮子 =车库	织物+庇护 =衣服

单词

房子+感情 =家	动物+感情 =宠物	房子+书 =书店
庇护+衣服 =围裙/外套	鼻子+嘴巴 =呼吸	公园+动物 =动物园

文字组成

几何形状

基础形状（以1/1、1/2、1/4比例和/或不同方向使用）

其他形状（仅按1/1比例使用）

数字

| 0 | 1 | 2 | 3 | 4 | 5 | 6 | 7 | 8 | 9 |

标点符号

. , ? a

箭头

指示

指示符号类型

动词时态（示例）

| 现在时 | 过去时 | 将来时 |

形容词和副词

| 描述 | 事前描述 | 事后描述 |

复数

构图网格

指示符号的上升线
天际线
地面线

喜爱

语句

| 问号 | 语言 | 我们 | 说 | 在 | 火星（行星+岩石+尘埃） |

植根于《圣经》巴别塔神话中的语言统一梦想在欧洲延续了数个世纪。17世纪的项目旨在为哲学家创造一种完全符合逻辑的语言，在这种语言中，谎言或错误无处遁形；而19世纪和20世纪的项目试图设计一种易于人人学习的语言。这些项目中最著名和最成功的便是由拉扎鲁·路德维克·柴门霍夫（Lazarz Ludwik Zamenhof）创造的"世界语"（Esperanto）。

布利斯符号创建于1949年，是一种通用的图形语言系统，包含逻辑和自然哲学。从这一点上说，它更接近17世纪的项目。该系统由奥地利犹太人查尔斯·K.布利斯（Charles K. Bliss）创造而成。1940年至1945年，为躲避纳粹主义，布利斯困居上海，他对包罗不同方言的中国汉字产生了兴趣。移居澳大利亚后，他在1949年出版了《语义学》（Semantography），旨在提供一种全世界都能学习和理解的书写文字。20世纪60年代，他的项目被加拿大残疾儿童中心采用，之后开始流行起来。

荧光和磷光

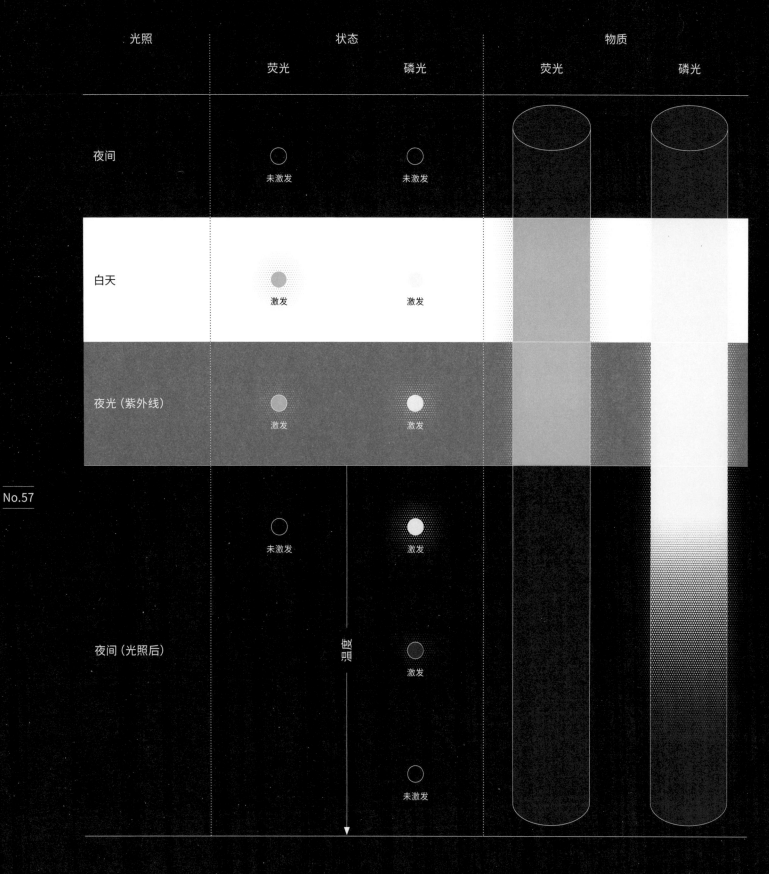

光照	状态		物质	
	荧光	磷光	荧光	磷光
夜间	未激发	未激发		
白天	激发	激发		
夜光（紫外线）	激发	激发		
夜间（光照后）	未激发	激发		
		激发		
		未激发		

持续

　　"磷光"的词源意义是"带来光明"，而"荧光"一词源自19世纪时人们对萤石晶体的观察，这种晶体在紫外线的照射下会发出蓝紫色的光。这两种光致发光现象反映了物质吸收和再次发射光的能力。荧光材料被电子激发后能迅速发光（时间从纳秒到微秒）。因此，我们用肉眼看来，这种材料在发光状态下显得很亮，光亮消失后便立即"熄灭"。而磷光材料由于需要进行更复杂的能量转移，它的发射时间更长（从1毫秒到10秒），肉眼可以明显观察到。

　　在医学成像领域，荧光标记经激光照射后可以用来诊断某些类型的癌症；在自然界中，某些蘑菇、水果或节肢动物（如蝎子）会表现出荧光特性；稀土中含有的磷光材料可用于涂绘某些手表或玩具上的指针。

光污染

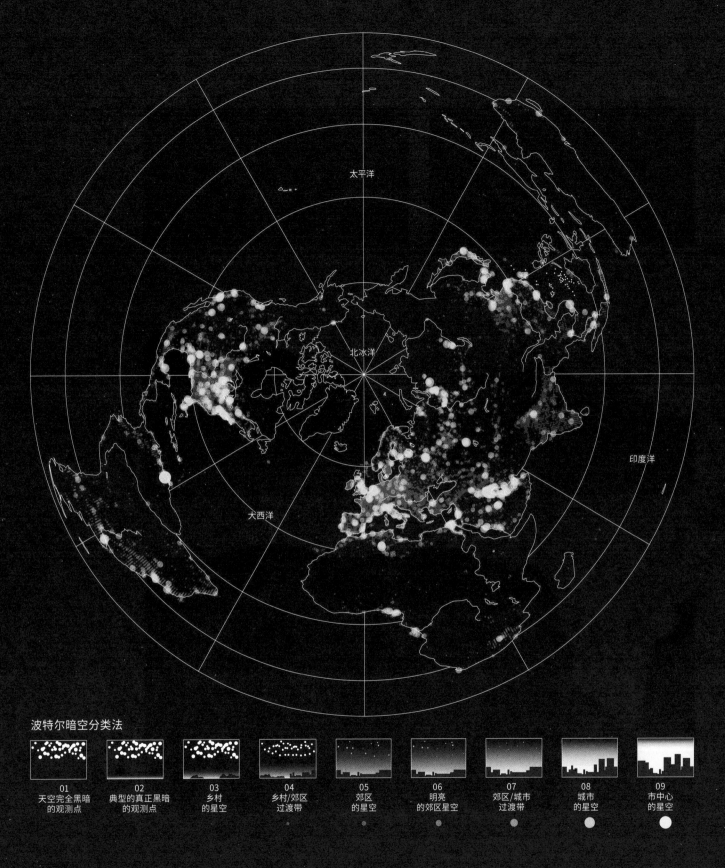

太平洋

北冰洋

大西洋

印度洋

波特尔暗空分类法

01	02	03	04	05	06	07	08	09
天空完全黑暗的观测点	典型的真正黑暗的观测点	乡村的星空	乡村/郊区过渡带	郊区的星空	明亮的郊区星空	郊区/城市过渡带	城市的星空	市中心的星空

1868年，天文学家报告指出：夜空过亮会阻碍对天体的观测。博物学家随后也注意到人造光致使某些物种异常死亡，比如迁徙的候鸟因大都市的强烈照明而迷失方向。1997年，18.7%的陆地表面受到光污染的影响。此后，光污染不断蔓延，并演变成生物多样性的首要威胁之一。

长期以来，城市照明问题关系到人员和财产安全，我们现在知道它也会对野生动物、人类甚至植被的生物节律产生负面影响。近几十年来，人们已经采取了一些限制措施，例如建立"国际黑暗天空保护区"，尽管这些措施鲜为人知。此外，有些城市正在考虑开发"黑线"——具有一定黑暗特征的生态走廊。为了做到这一点，他们使用波特尔暗空分类法来评估夜空的亮度，该等级以其美国发明者波特尔（Bortle）的名字命名。

洞穴的形成

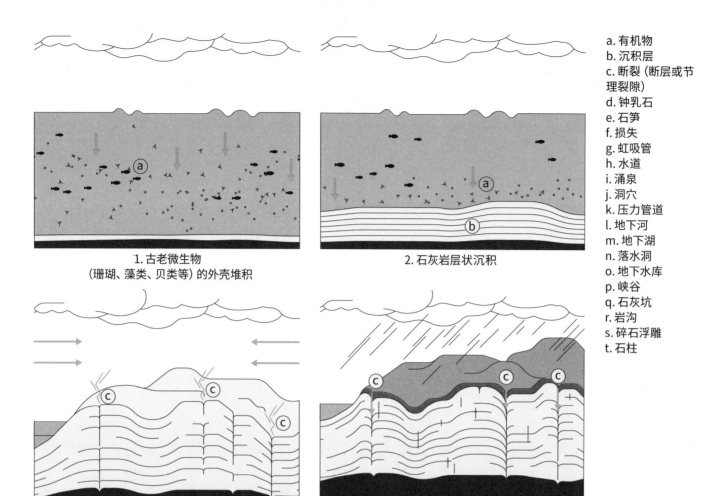

a. 有机物
b. 沉积层
c. 断裂（断层或节理裂隙）
d. 钟乳石
e. 石笋
f. 损失
g. 虹吸管
h. 水道
i. 涌泉
j. 洞穴
k. 压力管道
l. 地下河
m. 地下湖
n. 落水洞
o. 地下水库
p. 峡谷
q. 石灰坑
r. 岩沟
s. 碎石浮雕
t. 石柱

1. 古老微生物
（珊瑚、藻类、贝类等）的外壳堆积

2. 石灰岩层状沉积

3. 构造应力作用

4. 碳酸水（碳酸）渗入裂缝

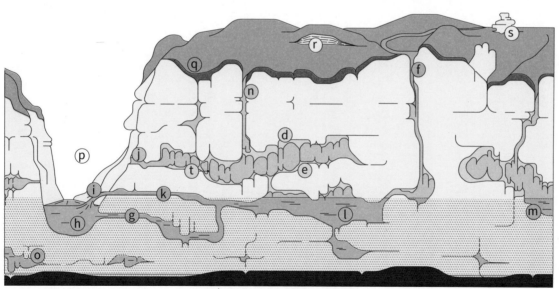

5. 石灰岩溶蚀：形成洞穴（岩溶带）

● 水
● 植被
● 腐殖质
○ 石灰岩
⊙ 溶解的岩石
⊙ 被淹没区域
● 不透水的岩石

　　洞穴本质上是岩石被水溶解而形成的。在大多数情况下，这些地下洞穴由方解石（一种可溶性矿物）形成的石灰岩构成。这种岩石由数百万年前生活在海洋中的古老微生物的外壳（1）通过沉积作用（2）堆积而成。受大陆漂移影响，即构造应力作用，这些石灰岩从海洋中涌出，在地表形成山峰（3）。同时，这些运动产生了裂缝、断裂和断层，水渗入其中并发挥溶解作用（4）。这些碳酸水（含有溶解的二氧化碳）逐渐侵蚀岩石，产生空腔和地下网络。含钙的水在

空腔内以方解石的形式沉淀下来，便形成了钟乳石（洞顶）和石笋（洞底），以及两种凝结物结合形成的石柱（5）。不透水的黏土基底使水能保留在地块的下部，从而形成了一个真正的水库。

天然宝石

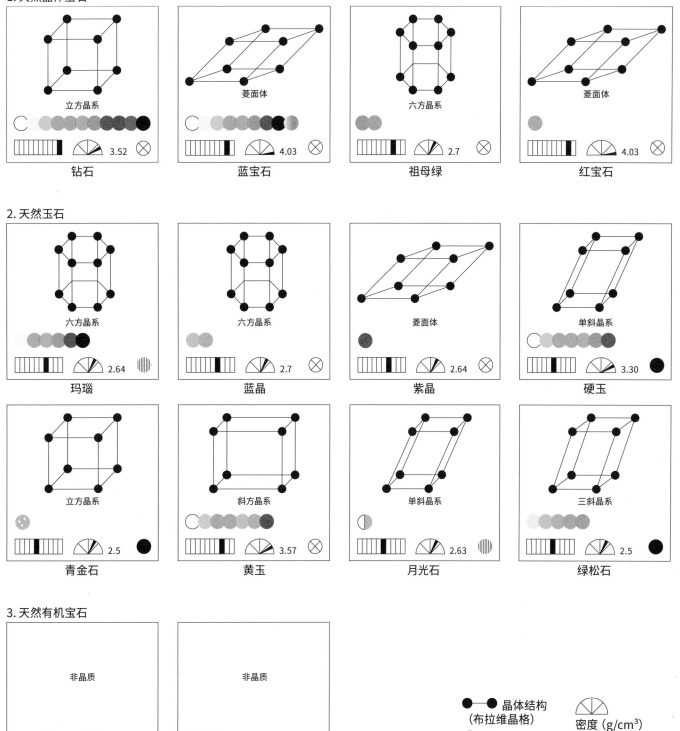

1. 天然晶体宝石

立方晶系 — 钻石 — 3.52
菱面体 — 蓝宝石 — 4.03
六方晶系 — 祖母绿 — 2.7
菱面体 — 红宝石 — 4.03

2. 天然玉石

六方晶系 — 玛瑙 — 2.64
六方晶系 — 蓝晶 — 2.7
菱面体 — 紫晶 — 2.64
单斜晶系 — 硬玉 — 3.30

立方晶系 — 青金石 — 2.5
斜方晶系 — 黄玉 — 3.57
单斜晶系 — 月光石 — 2.63
三斜晶系 — 绿松石 — 2.5

3. 天然有机宝石

非晶质 — 琥珀 — 1.10
非晶质 — 珊瑚 — 3.2

晶体结构（布拉维晶格）
颜色
1 10
莫氏硬度（硬度）
密度（g/cm³）
⊗ 透明
半透明
不透明

　　早在30亿年前，某些钻石就已形成于地球内部，珍珠母则形成于软体动物壳内。天然宝石通常分为三大类：天然晶体宝石（1）、天然玉石（2）和天然有机宝石（3）。

　　无定形（天然有机）宝石可以根据其晶体结构（组成宝石的原子的几何排列）进行分类。

　　一块石头要被视为"宝石"，首先得是一种美丽、稀有且耐用的材料。其品质可以根据不同标准进行评估：颜色、大小、硬度（刮擦或耐刮擦的能力）、质量和纯度。然而，这些天然宝石中的内含物——"结晶杂质"或异物——也会根据不同人的审美为其增添不同程度的美感，并提供有关其形成的信息。在某些情况下，这些杂质甚至能决定宝石的颜色。

冬眠

冬眠

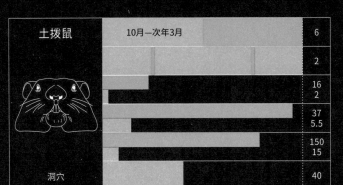

土拨鼠　10月—次年3月
	6
	2
	16 / 2
	37 / 5.5
	150 / 15
洞穴	40

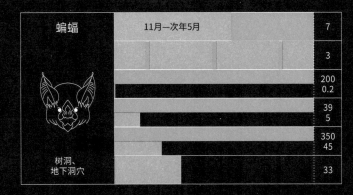

蝙蝠　11月—次年5月
	7
	3
	200 / 0.2
	39 / 5
	350 / 45
树洞、地下洞穴	33

冬休

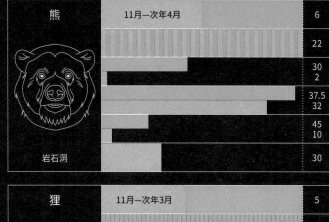

熊　11月—次年4月
	6
	22
	30 / 2
	37.5 / 32
	45 / 10
岩石洞	30

狸　11月—次年3月
	5
	45
	22 / 22
	38.5 / 38.5
	150 / 170
树洞、洞穴、土拨鼠洞穴	50

僵冷期

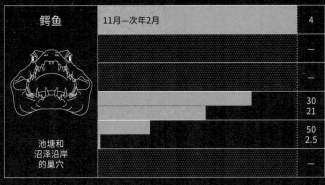

鳄鱼　11月—次年2月
	4
	—
	—
	30 / 21
	50 / 2.5
池塘和沼泽沿岸的巢穴	—

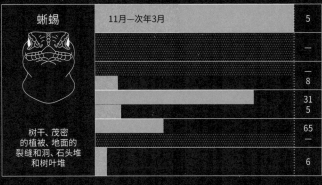

蜥蜴　11月—次年3月
	5
	—
	— / 8
	31 / 5
	65 / —
树干、茂密的植被、地面的裂缝和洞、石头堆和树叶堆	6

■ 冬眠/冬休/僵冷期之外
■ 冬眠/冬休/僵冷期
未知数据

动物	
	时段（月数/年）
	间歇性苏醒（次数/月）
	呼吸频率（呼吸次数/分钟）
	体温（℃）
	心率（心跳次数/分钟）
栖息地	体重减轻（占初始体重的百分比）

冬天来临，许多动物都在努力应对气温下降带来的问题并保存体能。通常如土拨鼠或蝙蝠之类的小型哺乳动物会进行冬眠，它们将自身的体温降低并陷入昏睡状态：心率和呼吸减慢，某些大脑区域变得完全不活跃。这种睡眠状态可以持续几个月，通常是从11月中旬到次年的2月中旬，比冬休动物的睡眠要深得多。冬休动物在休息期间会穿插一些活动，它们在冬休期间仍继续活动、进食，甚至产下幼崽，熊或浣熊当属此例。与冬眠动物一样，冬休动物的体重会显著减轻，只不过它们会将体温维持在"适度水平"，并且所有重要的身体功能都保持活跃。如蜥蜴或短吻鳄之类的"冷血动物"在冬季最寒冷的几个月里则处于僵冷状态，这种状态与冬眠类似。

解析打鼾

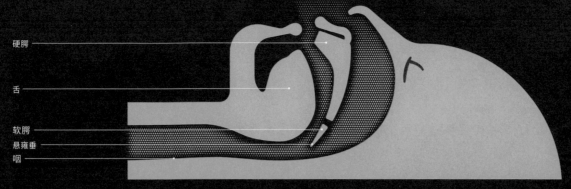

硬腭
舌
软腭
悬雍垂
咽

正常呼吸

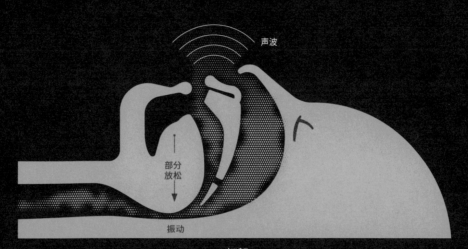

声波

部分
放松

振动

打鼾

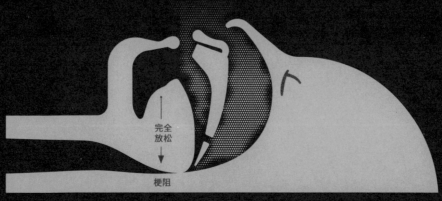

完全
放松

梗阻

睡眠呼吸暂停

●空气

No.62

与猫科动物发出"呼噜呼噜"的打鼾声不同，人类的打鼾并非自愿发生，也无法表达快乐。人类打鼾发生在深度睡眠期间。在这一"修复阶段"，呼吸道（硬颚、舌头、软腭和悬雍垂）的肌肉放松后又收缩，造成呼吸道受阻，使软组织（喉咙的肌肉和黏膜）振动，从而发出高达100分贝（dB）的声音，相当于在距离耳朵2米处放置手提钻发出的音量。然而，大多数睡着的人发出的鼾声通常在45至60分贝，与隔着双层玻璃听见的交通噪声、热闹的交谈声或吸尘器运行的声音相当。

在法国，50岁以上的成年人中有40%患有支气管病，即病理性打鼾。人类咽部的异常振动会带来很多问题，不仅会对咽部造成一定的损害，还会破坏配偶之间的关系。若呼吸道阻塞，甚至会导致睡眠呼吸暂停之类的疾病。

沙丘之歌

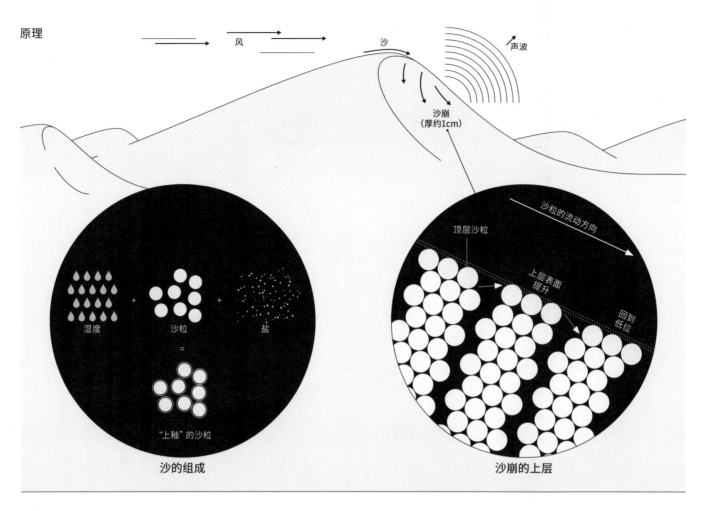

原理

风　沙　声波

沙崩
（厚约1cm）

湿度 ＋ 沙粒 ＋ 盐 ＝ "上釉"的沙粒

沙的组成

顶层沙粒　沙粒的流动方向　上层表面提升　回到低位

沙崩的上层

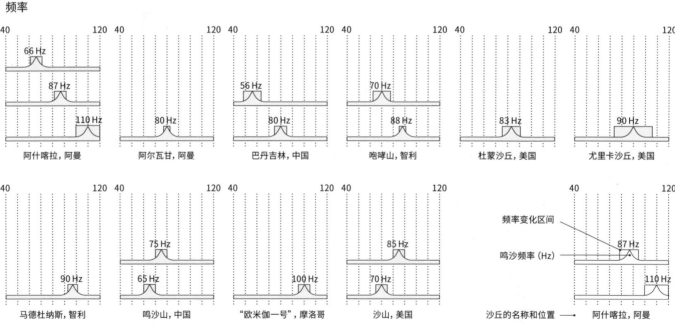

频率

阿什喀拉，阿曼
66 Hz　87 Hz　110 Hz

阿尔瓦甘，阿曼
80 Hz

巴丹吉林，中国
56 Hz　80 Hz

咆哮山，智利
70 Hz　88 Hz

杜蒙沙丘，美国
83 Hz

尤里卡沙丘，美国
90 Hz

马德杜纳斯，智利
90 Hz

鸣沙山，中国
75 Hz　65 Hz

"欧米伽一号"，摩洛哥
100 Hz

沙山，美国
85 Hz　70 Hz

频率变化区间
鸣沙频率（Hz）
87 Hz　110 Hz

沙丘的名称和位置 ——— 阿什喀拉，阿曼

　　一些沙丘会发出轰鸣声，有时可以用"咆哮"来形容，人们称为"沙丘之歌"。轰鸣声最长可持续15分钟，最远可传至10千米之外。几千年前，沙漠原住民描述了这种罕见又神秘的声学现象。后来，马可·波罗在描述中国的塔克拉玛干沙漠时写道："有时会在空中发出乐器的响声、鼓声和刀枪声。"（《马可·波罗游记》，1298年）如今，我们可以在现场分析这些歌声，在实验室建模。最新研究表明，地球上存在30到50个会唱歌的沙丘，每个沙丘的沙粒成分和发出的声音频率均不相同。沙丘之歌是由因风而起的沙崩引发的。当沙子流动时，上层沙粒在下层沙粒上做周期性的跳跃运动。这种垂直运动引起振动，与空气接触后便产生了声波。沙粒的成分对歌声也很重要，特别是盐分和湿度水平，它们会使沙粒表面形成一层釉，称为"沙漠釉"。

沙的地缘政治

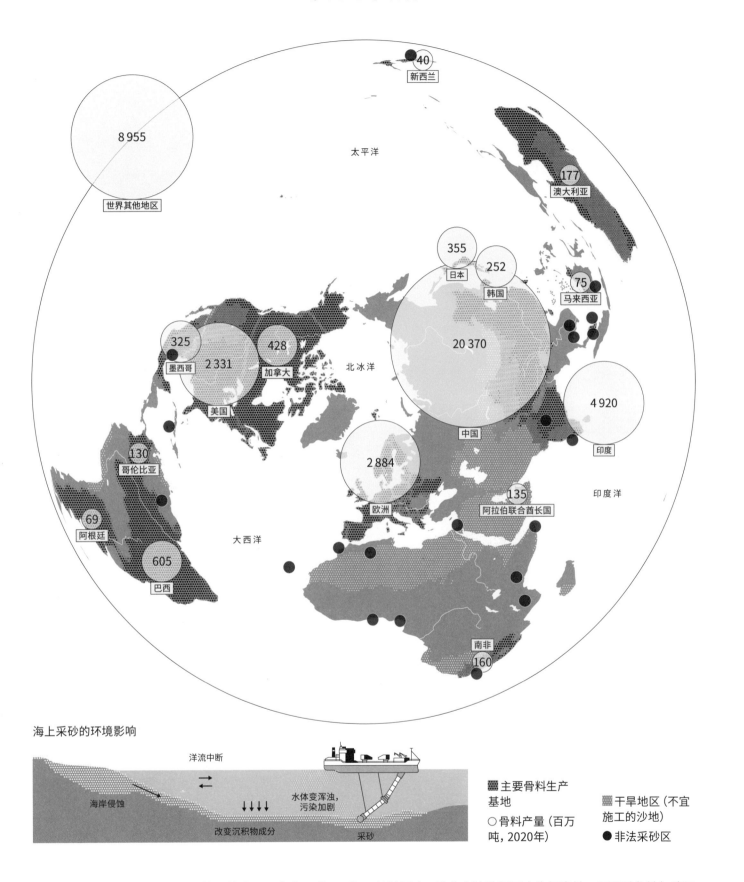

海上采砂的环境影响

洋流中断

海岸侵蚀

水体变浑浊，污染加剧

改变沉积物成分

采砂

主要骨料生产基地

○ 骨料产量 (百万吨，2020年)

● 非法采砂区

干旱地区 (不宜施工的沙地)

　　沙子是目前世界上使用量第二的资源，每年平均开采500亿吨，仅次于水，是建筑物和道路建设、日常用品制造中不可或缺的材料之一。尽管这种资源变得越来越稀缺，但它的开采量仍在增加。更准确地说，人们垂涎的是骨料——直径小于125毫米的天然或人工破碎的岩石碎片，但这种可开采材料仅占全世界沙子总量的5% (不包括干旱地区的沙粒，因为它们太细太光滑而无法使用)。

　　为了满足日益增长的需求，人们在海底采砂，用机械铲除河床。这些方法破坏了水生栖息地，不可避免地加速了海岸侵蚀过程，危害地下水，从而影响了水质和农田的质量。尽管危害重重，各国对沙子的需求还是催生了黑手党。为规避禁令和有限的监管，他们在至少十个国家非法采砂并用于黑市贸易。

动物的皮肤

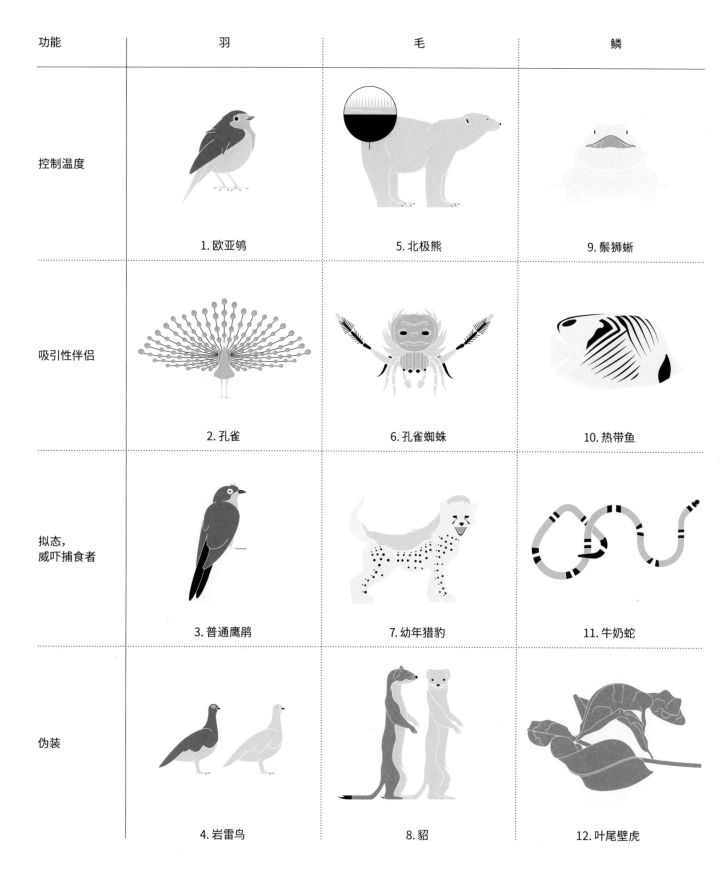

功能	羽	毛	鳞
控制温度	1. 欧亚鸲	5. 北极熊	9. 鬃狮蜥
吸引性伴侣	2. 孔雀	6. 孔雀蜘蛛	10. 热带鱼
拟态，威吓捕食者	3. 普通鹰鹃	7. 幼年猎豹	11. 牛奶蛇
伪装	4. 岩雷鸟	8. 貂	12. 叶尾壁虎

在动物世界中，被皮（皮肤、毛、羽、鳞等）具有各种不同的功能。**1.** 欧亚鸲竖起羽毛，尽可能地吸收身体附近的温暖空气。**2.** 雄孔雀的尾羽越长，与雌孔雀的交配成功率越高。**3.** 普通鹰鹃的羽毛进化得很像褐耳鹰。**4.** 岩雷鸟棕色和灰色的羽毛会随着第一场雪的到来变成白色。**5.** 北极熊体表呈白色的毛发能吸收太阳能，汇集到黑色的皮肤上。**6.** 雄性孔雀蜘蛛的腹部会呈现出闪烁的色泽，用来求爱。**7.** 幼年猎豹的背上会长出类似蜜獾体毛一般的长毛。蜜獾是一种攻击性很强的动物，可以吓跑捕食者。**8.** 气温下降时，貂会变成白色。**9.** 鬃狮蜥通过改变肤色来调节体温。**10.** 热带鱼鲜艳的体色使它们能够在同一物种中相互识别。**11.** 牛奶蛇的背部图案模仿了一些毒蛇，以迷惑捕食者。**12.** 远远看上去，叶尾壁虎就像一片叶子，连叶脉都栩栩如生。

太阳系大气层

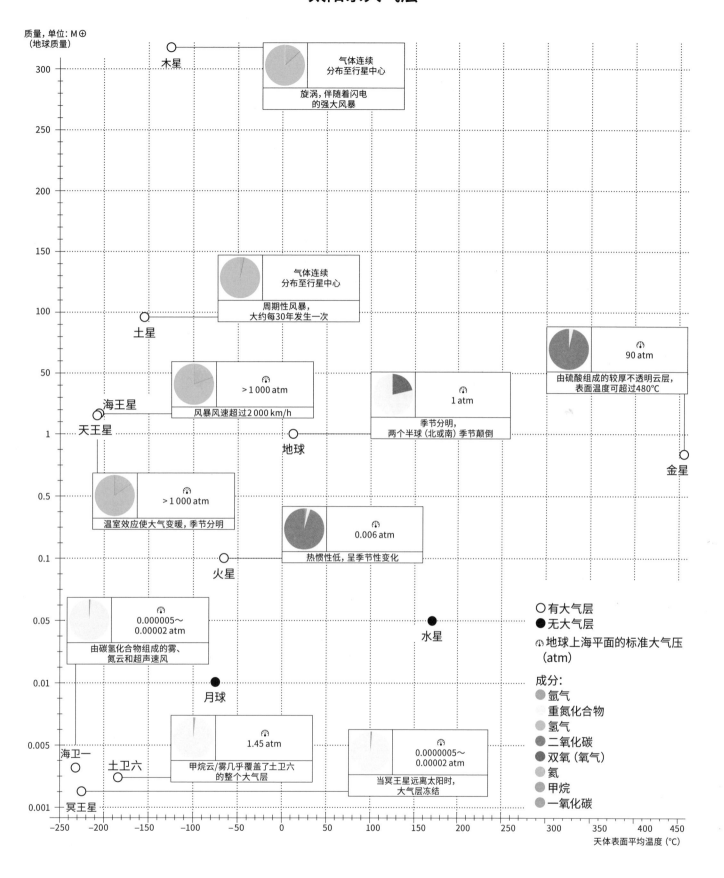

质量，单位：M⊕
（地球质量）

木星
气体连续
分布至行星中心
旋涡，伴随着闪电
的强大风暴

土星
气体连续
分布至行星中心
周期性风暴，
大约每30年发生一次

90 atm
由硫酸组成的较厚不透明云层，
表面温度可超过480℃

海王星
>1 000 atm
风暴风速超过2 000 km/h

1 atm
季节分明，
两个半球（北或南）季节颠倒

天王星

地球

金星

>1 000 atm
温室效应使大气变暖，季节分明

0.006 atm
热惯性低，呈季节性变化

火星

○ 有大气层
● 无大气层
⊕ 地球上海平面的标准大气压
（atm）

0.000005～
0.00002 atm
由碳氢化合物组成的雾、
氮云和超声速风

水星

月球

成分：
氩气
重氮化合物
氢气
二氧化碳
双氧（氧气）
氮
甲烷
一氧化碳

海卫一

土卫六
1.45 atm
甲烷云/雾几乎覆盖了土卫六
的整个大气层

0.0000005～
0.00002 atm
当冥王星远离太阳时，
大气层冻结

冥王星

天体表面平均温度（℃）

太阳系中除了水星和月球，几乎所有行星和某些卫星都有大气层，水星根本没有大气层，月球的大气层微不足道。这些天体的大气层由气体组成，通过引力结合在一起。它们是在数十亿年前因小行星和彗星撞击天体表面或早期火山活动形成的，其成分和压力按天体的质量和温度各有不同，也受内源和外源气体的影响。例如，在金星（以及火星的部分区域）上，过去可能以液态或气态形式存在的水已经转化为氢气和氧气。与太阳之间的距离使得那些十分遥远的天体，如土卫六、海卫一和冥王星，仍能在自身重力较小的情况下保有大气层。地球的大气层厚约1 000千米，目前的成分组成归功于生命的发展和通过光合作用积累的氧气。大气层能保护地球免受太阳风（No.51）和辐射的影响，让生物能够呼吸，并通过温室效应将平均温度稳定在15℃，形成一个有效的屏障，抵御陨石或太空垃圾的撞击。

树木之间的交流

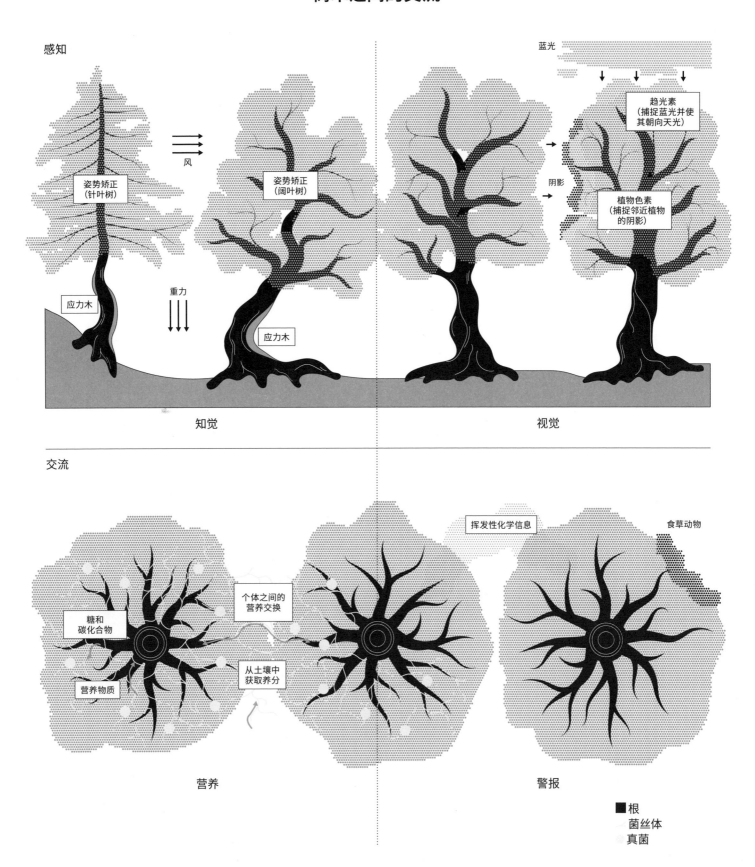

感知

姿势矫正
（针叶树）

应力木

风

重力

姿势矫正
（阔叶树）

应力木

知觉

蓝光

趋光素
（捕捉蓝光并使
其朝向天光）

阴影

植物色素
（捕捉邻近植物
的阴影）

视觉

交流

糖和
碳化合物

营养物质

个体之间的
营养交换

从土壤中
获取养分

挥发性化学信息

食草动物

营养

警报

■ 根
　菌丝体
　真菌

树木能够"感知"周围环境，也能"看见"周遭事物：它们与所处环境交流互动，能在较短的时间内发生或多或少可视的变化。在树干内部，树皮细胞（内树皮）能够感知风力和重力的机械压力。它们被拉伸或被压缩之后，会向树干传递直径生长信息，向树根传递高度生长信息。被风吹拂的树木会"变硬"并弯曲，如海岸松。植物色素可以让树枝和树叶根据光照情况和周围植物的阴影范围调整生长方向。这些机制使树木在"适宜的地方"生长，对树木的生存至关重

要。没有这些机制，就没有现在的树木。

树木还能传递信号，引起邻近个体的反应。通过交换养分和碳，根系和菌丝网络可以促进或抑制某些个体的生长。如果受到攻击（如动物吃掉树叶），树木会向空气中释放挥发性化学信息，发出警报。

海底电缆

皮蒂, 关岛 10

志摩, 日本 8 10 7

7

6

樟宜北, 新加坡 12

樟宜南, 新加坡 12 14 6 7

大士, 新加坡

7

孟买, 印度 15

卡拉奇, 巴基斯坦 10

13 6

6 富查伊拉, 阿拉伯联合酋长国

马赛, 法国 13

8 9

13

吉达, 沙特阿拉伯

福塔莱萨, 巴西 10

8

6 8

7

地面网络互联站

网络管理　　终端和电源　　光纤电缆　　　　连接　　　　中继器

电缆:
— 2015年前铺设
— 2015年后铺设
--- 计划中
○ 由GAFAM投资
● 其他电缆

终端:
○ 地面网络互联站
⑩ 互联次数
▦ 超级互联国家
（拥有超过10条国际海底电缆）

　　1858年，首条跨大西洋海底电缆将爱尔兰的福尔霍默姆湾（Foilhommerum Bay）与加拿大的特里尼蒂（Trinity）连接起来，第一条消息的传送仅用了67分钟。在此之前，欧洲和北美用船只传送消息，需要10天。此后，海底电缆的铺设数量成倍增加，光纤的使用也极大地提高了可传输的信息量。

　　海底电缆沿着海底传输互联网、电话和数字电视网络信号。2023年，500多条直径约69毫米的光缆绵延140万千米，将各个终端连接在一起。这些基础设施既重要又脆弱，很容易遭到有意或无意的破坏（如渔船的拖网将电缆扯断），致使通信中断，造成重大经济损失甚至严重的地缘政治后果。此外，如GAFAM（谷歌、亚马逊、脸书、苹果、微软）等美国私营公司为控制数据传输线路而对海底线路采取的战略性收购行为，也引起了人们越来越广泛的关注。

雷暴的形成

形成

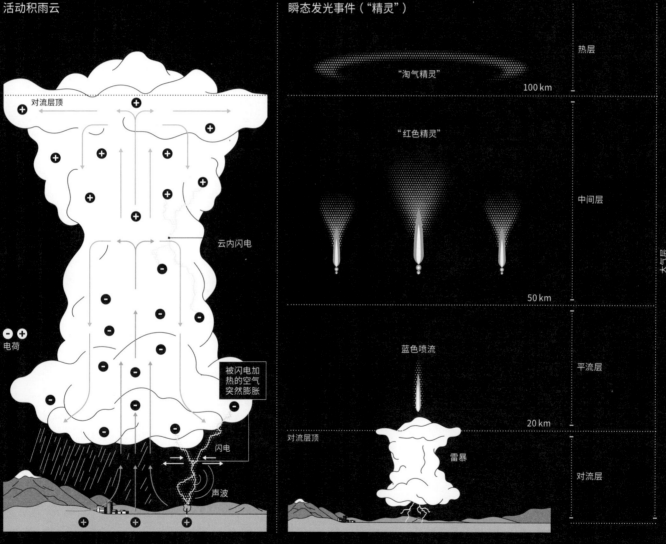

活动积雨云

瞬态发光事件（"精灵"）

热空气

冷空气

积云

积雨云

平流层

对流层顶

−40℃

−20℃

10℃

大气层

对流层

热空气

热空气

对流层顶

云内闪电

电荷

被闪电加热的空气突然膨胀

闪电

声波

热层

"淘气精灵"

100 km

"红色精灵"

中间层

大气层

50 km

蓝色喷流

平流层

20 km

对流层顶

雷暴

对流层

　　雷暴诞生自不稳定的大气中：当地表过热的空气与高空的冷空气相遇时，就会形成积云。积云继续升高，最高处的小水滴变成小冰晶，小冰晶带上了电荷，积云成了积雨云。积雨云活跃时会引起闪电、降雨、冰雹，甚至龙卷风。闪电是大气放电的表现形式：云层中的电荷能产生闪电击中地面，同时也会发出雷声。因为声速比光速慢，闪电的声波会在几秒钟之后传入我们的耳中。看到闪电和听到雷声之间的时间差可以用来计算我们与雷暴之间的距离。

　　1989年，人们首次拍摄到了被称为"淘气精灵"的瞬态发光事件，其机制仍鲜为人知：蓝色喷流从云层顶部喷出，高度可达60千米；"红色精灵"多形如水母，常伴随强雷暴天气产生；"淘气精灵"则表现为直径约500千米的暗淡发光圆盘。

蜘蛛网

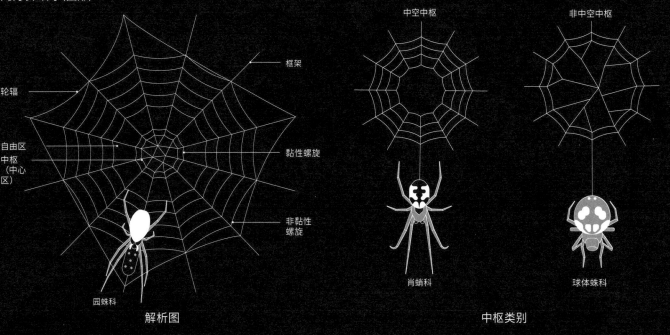

几何状蛛网（圆形）

框架

轮辐

黏性螺旋

自由区
中枢
（中心
区）

非黏性
螺旋

园蛛科

解析图

中空中枢

非中空中枢

肖蛸科

球体蛛科

中枢类别

不规则蛛网

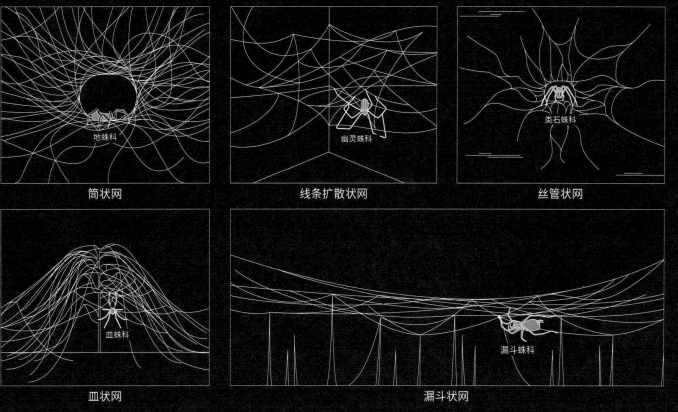

地蛛科

筒状网

幽灵蛛科

线条扩散状网

类石蛛科

丝管状网

皿蛛科

皿状网

漏斗蛛科

漏斗状网

　　早在恐龙时代之前，蜘蛛就能织出各种极其坚韧的网。蜘蛛网有助于调节昆虫数量，蜘蛛每年进食的昆虫数量高达8亿吨。蜘蛛网或呈几何状，或呈不规则状，取决于蜘蛛的种类、生存环境及蛛网的作用（诱捕、保护等）。

　　蛛网由蛋白质线丝构成，能够确保整个结构的牢固和弹性，使蜘蛛享有"建造师"的美誉。蜘蛛的腹部有多种分泌液态丝的腺体，这些液体在体内循环，一旦喷射到体外就会凝成固态。蜘蛛能够根据需要生产大约6种不同的丝线：用

于织网的硬丝、用于打结的丝线、用于诱捕猎物的黏性丝、用于囚禁猎物的丝线、用于保护卵的茧丝、还有一种"安全丝"。安全丝被射向空中后，会被风固定在原地，可以避免蜘蛛摔落和迷路。

天然精神物质

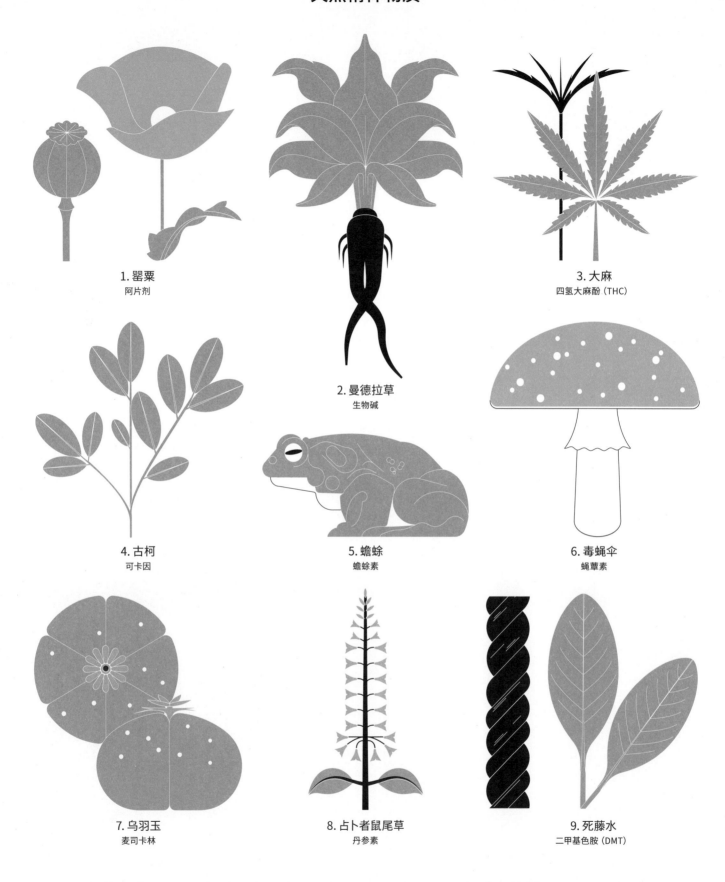

1. 罂粟
阿片剂

2. 曼德拉草
生物碱

3. 大麻
四氢大麻酚（THC）

4. 古柯
可卡因

5. 蟾蜍
蟾蜍素

6. 毒蝇伞
蝇蕈素

7. 乌羽玉
麦司卡林

8. 占卜者鼠尾草
丹参素

9. 死藤水
二甲基色胺（DMT）

　　许多精神催化物质——能够改变大脑功能的化学物质，都是天然存在的。**1.** 罂粟是一种类似虞美人的一年生植物，早在公元前3000年左右，美索不达米亚地区已经有人开始利用罂粟蒴果的汁液来缓解痛楚了。**2.** 中世纪时期，女巫被指控在他人身上涂满曼德拉草制物，以使人致幻。**3.** 大麻是人类在新石器时代最早种植的植物之一，后来被用于葬礼仪式和通灵。**4.** 印加人在祭祀仪式上咀嚼古柯叶。**5.** 某些蟾蜍的皮肤分泌的蟾蜍素可入药或用于伏都教仪式。**6.** 玛雅人和奥吉布韦族印第安人都知道毒蝇伞，但由于其毒性和不可预知的效果，毒蝇伞很少被用作迷幻剂。**7.** 乌羽玉是墨西哥的美洲印第安人和巫师食用的一种致幻仙人掌，能引起强烈的视觉闪光。**8.** 占卜者鼠尾草是一种致幻植物，墨西哥的马萨特克人至今仍在使用。**9.** 死藤水是由几种植物组成的混合物，被亚马孙流域的巫师视为圣水。

睡眠周期

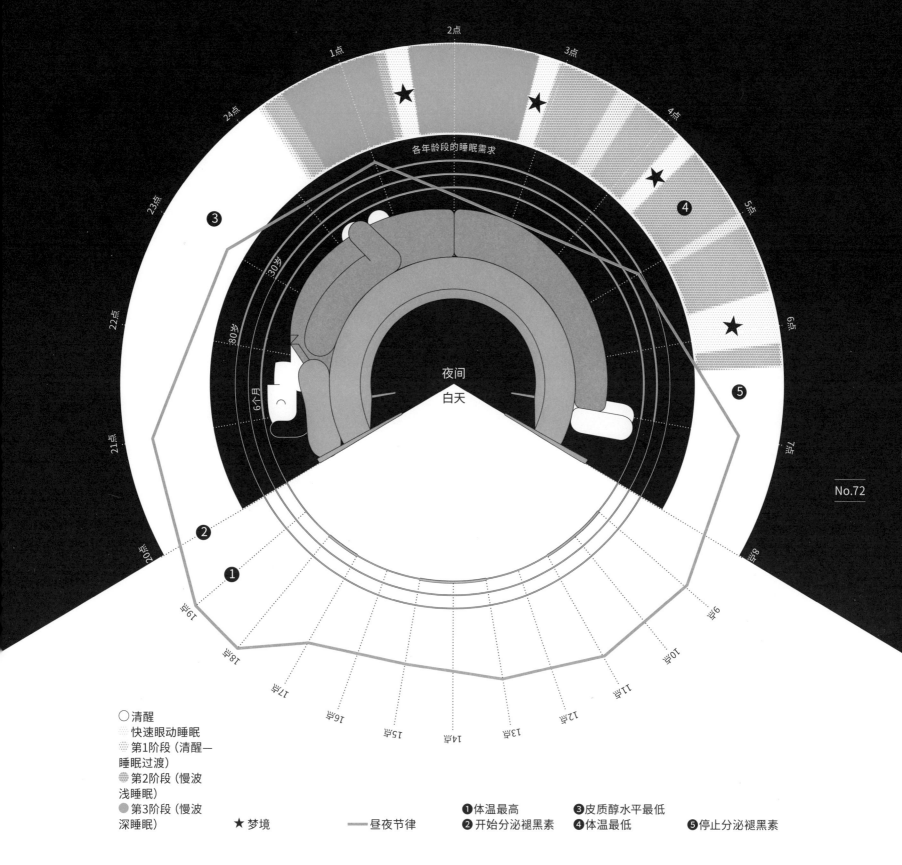

○ 清醒
　快速眼动睡眠
　第1阶段（清醒—
　睡眠过渡）
　第2阶段（慢波
　浅睡眠）
　第3阶段（慢波
　深睡眠）　　★ 梦境　　—— 昼夜节律

❶ 体温最高　　　❸ 皮质醇水平最低
❷ 开始分泌褪黑素　❹ 体温最低
❺ 停止分泌褪黑素

　　24小时是人类和昼行性动物睡眠—清醒周期的长度，与昼夜交替和自然光同步，由大脑睡眠中心的昼夜生物钟调节。夜行性动物（No.79）的周期则是倒置的。

　　在睡眠过程中还存在一种次昼夜节律，与慢波睡眠（深度睡眠和恢复性睡眠）和快速眼动睡眠（梦境和记忆）的交替相一致。身体随后会经历不同的阶段，体温或激素（褪黑素，皮质醇等）的作用决定了昼夜节律。每晚，大脑都处于活跃状态，表现为：做梦、记忆、催眠（刚醒来时的半清醒状态），甚至梦游或磨牙。同时，也会产生如肌肉再生、大脑解毒和免疫系统的激活。睡眠的长短、质量和时刻也取决于个体年龄及其在白天的体力活动（运动、进食、服用兴奋剂）、精神活动（认知活动、情绪变化等）和环境活动（温度、光线、噪声等）等多个因素。

巴黎下水道

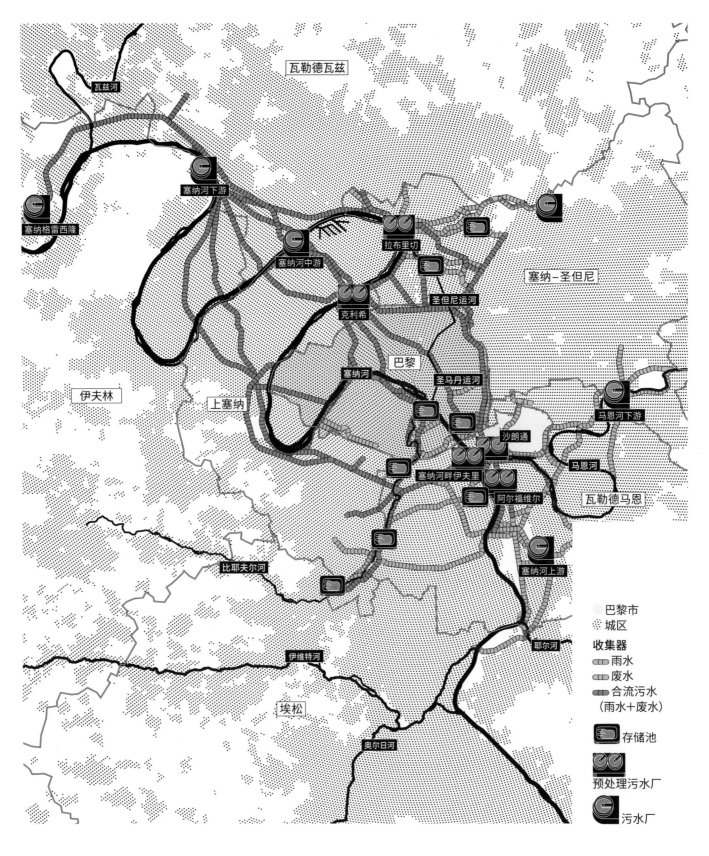

瓦勒德瓦兹

瓦兹河

塞纳河下游

塞纳格雷西隆

塞纳河中游

拉布里切

塞纳－圣但尼

圣但尼运河

克利希

巴黎

塞纳河

圣马丹运河

伊夫林

上塞纳

马恩河下游

沙朗通

马恩河

瓦勒德马恩

塞纳河畔伊夫里

阿尔福维尔

比耶夫尔河

塞纳河上游

耶尔河

埃松

伊维特河

奥尔日河

巴黎市

城区

收集器

雨水

废水

合流污水
（雨水＋废水）

存储池

预处理污水厂

污水厂

　　自公元前3000年起，人们就开始用下水道网络排放雨水，以保护城市免受洪灾，后来才用于排放污水。大规模的下水道系统最早出现在巴黎，是19世纪的欧洲在霍乱等流行病之后出现的卫生理论指导城市规划变革的一个典范。当时，在省长奥斯曼的推动下，每条街道下方都修建了排水沟，并与建筑物相连。巴黎的雨水和污水都被收集到同一个排水系统中，两者没有分流。

　　1930年，第一批污水处理厂在塞纳河和马恩河的上游和下游建成。目前，全长2 600千米的污水管网在重力作用下运行，每天可通过干管输送230万立方米的污水，后经处理后排入塞纳河。污水根据其污染程度和危险性进行分类：生活废水被称为"灰水"，污染程度较轻；"黑水"有毒，含粪便，必须处理。1862年，维克多·雨果的《悲惨世界》首次发表，他写道："阴渠，就是城市的良心，一切都在那儿集中、对质。"

动物的粪便

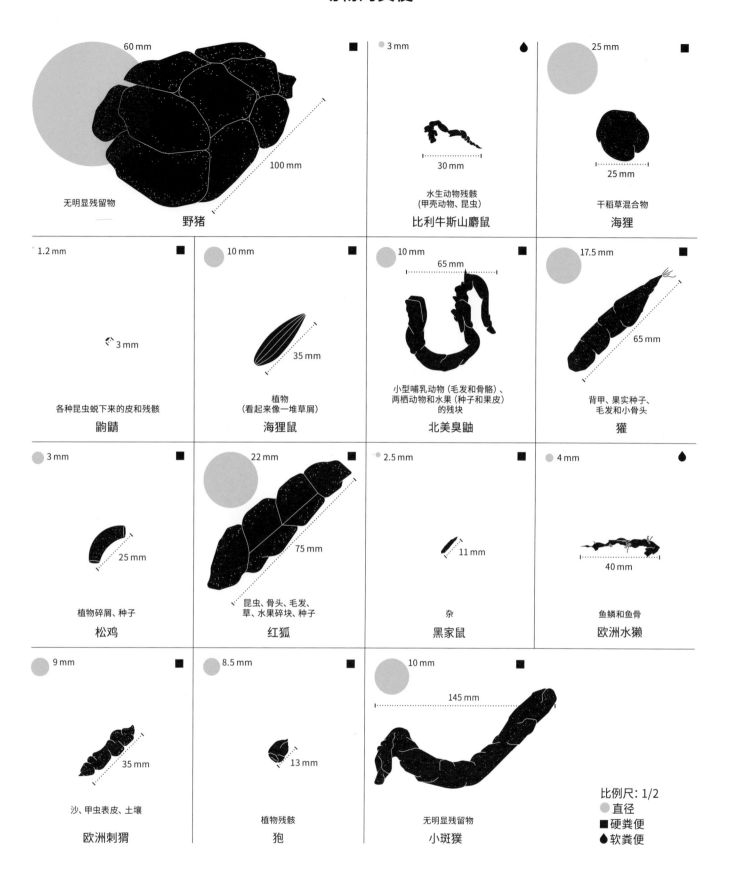

60 mm
100 mm
无明显残留物
野猪

3 mm
30 mm
水生动物残骸
（甲壳动物、昆虫）
比利牛斯山麝鼠

25 mm
25 mm
干稻草混合物
海狸

1.2 mm
3 mm
各种昆虫蜕下来的皮和残骸
蚼蠼

10 mm
35 mm
植物
（看起来像一堆草屑）
海狸鼠

10 mm
65 mm
小型哺乳动物（毛发和骨骼）、
两栖动物和水果（种子和果皮）
的残块
北美臭鼬

17.5 mm
65 mm
背甲、果实种子、
毛发和小骨头
獾

3 mm
25 mm
植物碎屑、种子
松鸡

22 mm
75 mm
昆虫、骨头、毛发、
草、水果碎块、种子
红狐

2.5 mm
11 mm
杂
黑家鼠

4 mm
40 mm
鱼鳞和鱼骨
欧洲水獭

9 mm
35 mm
沙、甲虫表皮、土壤
欧洲刺猬

8.5 mm
13 mm
植物残骸
狍

10 mm
145 mm
无明显残留物
小斑獴

No.74

比例尺: 1/2
● 直径
■ 硬粪便
◆ 软粪便

　　与动物的脚印（No.1）一样，动物粪便的大小、颜色、形状和浓稠度也可以用来辨别它们的身份，表明它们的状态。通过观察粪便，我们可以得知它们是否受到过压力、是否处于交配期、是否年幼或是否已至生命末期。作为饮食及其变化的直接证据，固体排泄物可用于重现不同物种的进食行为、社会行为等行为特征。

　　排泄物还体现了每个物种的特有习惯：猫科动物会把粪便埋起来，以保护自己免受捕食者的伤害；红狐用粪便标记自己的领地；某些食草动物（如兔子）会从粪便中摄取食物中尚未完全消化的营养物质；獾会在领地外挖浅坑当"厕所"；水獭把粪便放在战略要地，以向其他动物释放信号。还有某些"食粪昆虫"，如苍蝇、蜣螂和蟑螂，会以他者的粪便为食。

天然颜料

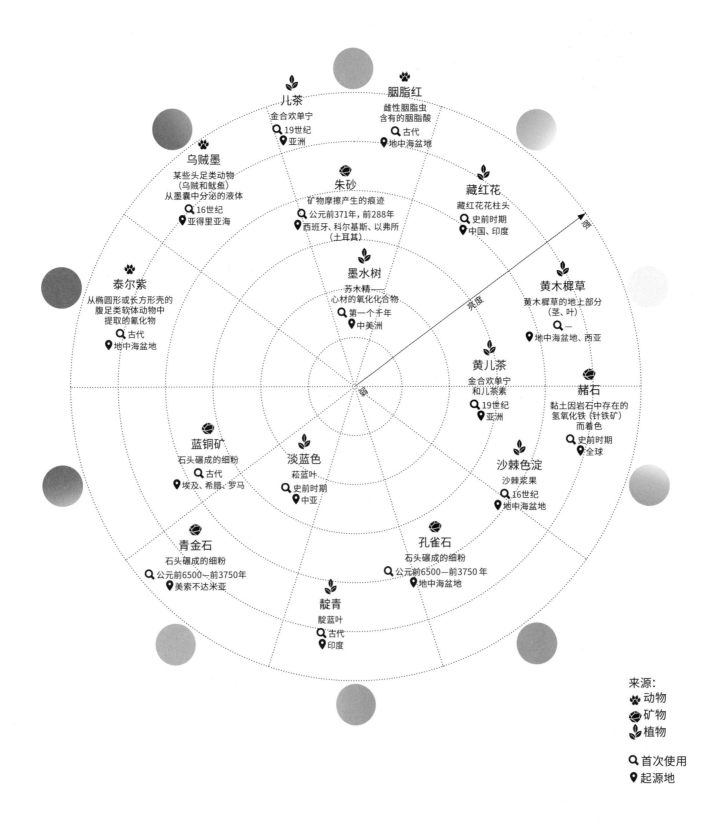

人类使用颜料的历史可以追溯至史前时期。颜料是由矿物、植物或动物制成的着色粉末，粉末颗粒的细度和形状（球状、片状、针状或无明确形状）会影响其着色力。从黏土中提取的赭石是最早用于洞穴壁画的颜料。胭脂红则来自胭蚧科昆虫胭脂虫碾成的粉末，这种方法在南美和欧洲被使用了数千年。儿茶是从金合欢树中提取的，可用来制作红棕色颜料和卡其色染料。19世纪下半叶，在欧洲和远东地区，人们用这些染料将渔网和船帆染成红棕色。乌贼墨由头足类动物的器官墨囊中分泌得出。该器官的腺体部分产生色素，另一部分则形成墨汁，这些动物将其作为防御手段，而人类在烹饪或艺术创作中将其用作黑色着色剂。如今，大多数颜料都是在实验室合成的。

地平线

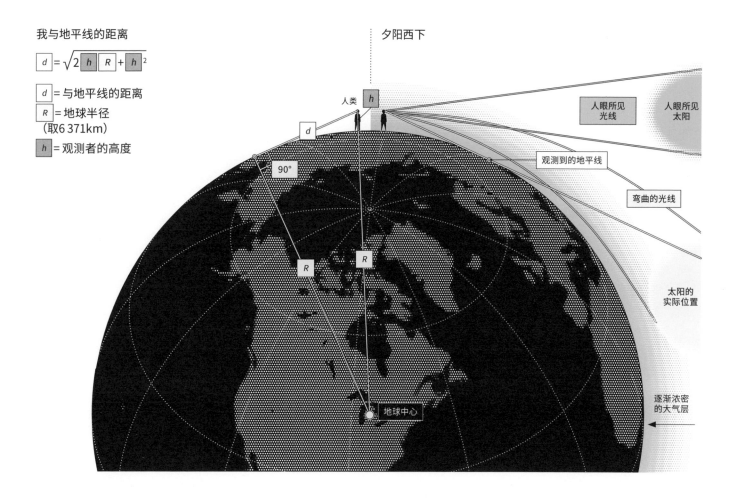

我与地平线的距离

$$d = \sqrt{2\,h\,R + h^2}$$

d = 与地平线的距离

R = 地球半径
（取6 371km）

h = 观测者的高度

夕阳西下

人类

人眼所见光线

人眼所见太阳

观测到的地平线

弯曲的光线

太阳的实际位置

逐渐浓密的大气层

地球中心

90°

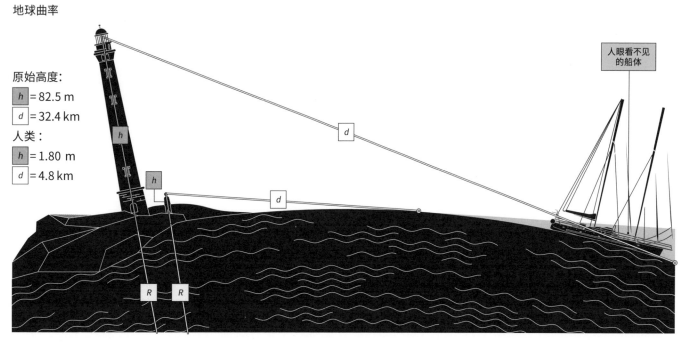

地球曲率

原始高度：

h = 82.5 m

d = 32.4 km

人类：

h = 1.80 m

d = 4.8 km

人眼看不见的船体

　　地平线是天与地或天与海的分界线，是它们连接与消失的地方，是人类视觉感知的物理极限。它能让我们感知地球的弧度，特别是在山顶的时候：观测者所处的位置越高，地平线就越远，也就越容易注意到地球是圆的。在低处则无法观察到这种曲率，因为我们与可感知的地平线距离太近，无法看到它。尽管如此，地球曲率仍可以通过其他方式表现出来。例如，当我们面对大海，地平线"下降"的现象会给人一种向大海倾斜的视觉感受：从海岸线上眺望，我们能看到远处船只的桅杆，却看不到船体。正因如此，灯塔等对监测海岸不可或缺的观察哨都设在高处。

　　当太阳沉向地平线时，光线穿过的大气层越来越浓密，光线会因折射而弯曲。此时，虽然我们看到的是夕阳西下，但太阳实际上已经位于地平线以下，只不过在我们看来仿佛是扁平的。

奥尔特云

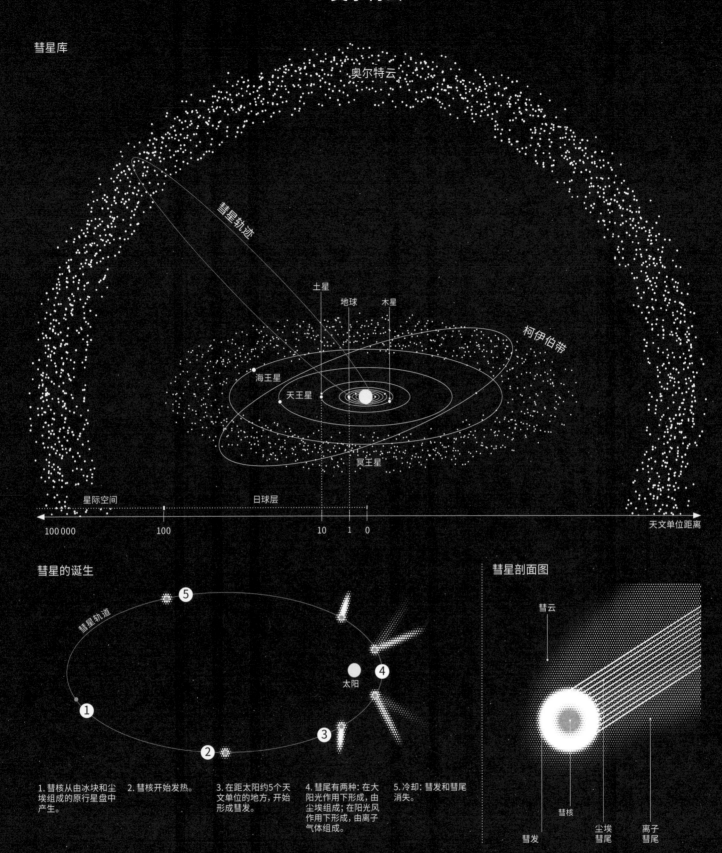

彗星库

奥尔特云

彗星轨迹

土星
地球
木星

柯伊伯带

海王星
天王星

冥王星

星际空间 | 日球层

100 000 | 100 | 10 | 1 | 0

天文单位距离

彗星的诞生

彗星轨道

⑤

①

太阳

④

②

③

1. 彗核从由冰块和尘埃组成的原行星盘中产生。　2. 彗核开始发热。　3. 在距太阳约5个天文单位的地方，开始形成彗发。　4. 彗尾有两种：在太阳光作用下形成，由尘埃组成；在阳光风作用下形成，由离子气体组成。　5. 冷却：彗发和彗尾消失。

彗星剖面图

彗云

彗核

彗发

尘埃彗尾

离子彗尾

　　彗星是一种微小天体，由冰核（彗核）、明亮的"大气层"（彗发）、由尘埃和离子气体构成的尾巴（彗尾）组成。太阳系中的彗星源于两个"储藏库"：柯伊伯带和奥尔特云。柯伊伯带位于海王星轨道之外，其中包含的小天体是太阳系形成后的碎片。它比一般的小行星带宽20倍，质量大20～200倍；奥尔特云虽然还未被直接观测过，但根据对彗星轨道的计算——彗星在轨道上运行时，彗尾和彗发得而复失，我们可以得出设想：太阳系边缘聚集了大量的彗核，距离地球约100 000 AU（天文单位，以地日间平均距离为1天文单位），远离各大行星轨道。奥尔特云中有数十亿个彗核，都是约46亿年前太阳形成时原恒星（No.29）盘的残余物。受其他恒星的干扰，这些彗核被喷射进太阳系内部，形成我们如今观测到的彗星。

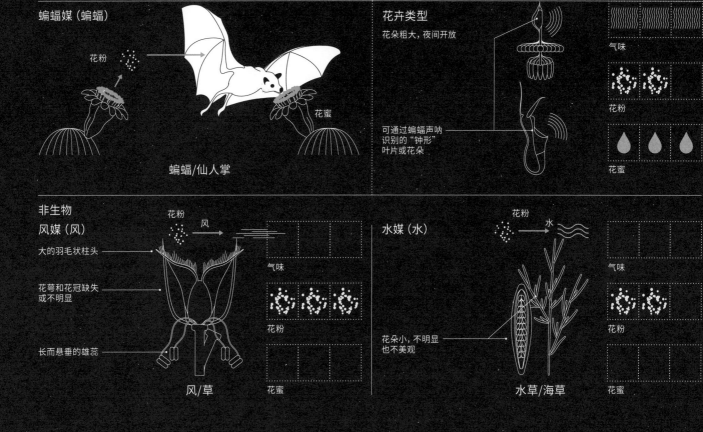

蝙蝠媒（蝙蝠）

花粉

花蜜

蝙蝠/仙人掌

花卉类型

花朵粗大，夜间开放

可通过蝙蝠声呐
识别的"钟形"
叶片或花朵

气味

花粉

花蜜

非生物
风媒（风）

大的羽毛状柱头

花萼和花冠缺失
或不明显

长而悬垂的雄蕊

花粉

风

风/草

气味

花粉

花蜜

水媒（水）

花粉

水

花朵小，不明显
也不美观

水草/海草

气味

花粉

花蜜

　　种子植物的花粉由直径10微米到150微米的小颗粒组成，包藏在雄蕊顶端的花药中。花粉可以移动，能使邻近花朵受精，到达雌蕊顶端的柱头。植物无法移动，因此会借助动物（生物授粉）和其他自然媒介（风或水）（非生物授粉）繁殖。花朵的形态、气味、花粉和花蜜的数量都与不同的繁殖策略相适应。例如，蜜蜂会被蓝色和黄色的花朵吸引，但不会被红色的花朵吸引；花蜜丰富的管状花对鸟类更有吸引力；夜行性动物（No.79）蝙蝠在黑暗中更容易找到白色的

花朵。这些都是最常见的策略，但植物与授粉者之间还有许多互动与策略无关。植物和动物之间的互动是在一种互惠关系中发展起来的：植物用花蜜（糖类）和花粉（蛋白质）喂养传粉生物；作为交换，传粉生物将收集到的花粉传送给另一种植物。

夜行性动物

猫头鹰

锯齿状

无声飞行和运动
翼羽上有锯齿状的小绒毛，爪子上有厚厚的爪垫。

爪垫

耳朵

视觉
高度敏锐的视觉使它们能够更好地观察距离、起伏和移动。它的头部可以旋转270°。

听觉
双耳位置不对称（右耳高于左耳），使它能够通过三角测量法确定自己的位置。面盘的形状也放大了声波。

面盘

270°

No.79

水蚺

嗅觉
舌头收集周围环境中的气味颗粒和酸性物质，并将其传递到位于上颌顶部的雅各布森器官。

振动感受器
振动由下颌感知，并通过内耳传入大脑。

热窝

热敏器官
热窝对红外辐射（热量）敏感，使它能够在黑暗中探测到哺乳动物等温血动物的存在。

雅各布森器官（犁鼻器）   下颌

蝙蝠

嗅觉
嗅觉在蝙蝠的繁衍策略中扮演重要角色：唾液、排泄物、尿液、精子和结痂的产生都能用来吸引配偶。嗅觉能让幼崽在群体中认出自己的母亲。

听觉
蝙蝠使用回声定位：声带发出的超声波能在夜间为它们导航和捕食，辨认距离、音量和质地。

回声定位

　　夜行性动物在进化方面具有一定优势，例如躲避捕食者、减少与昼行性动物的资源竞争、利用较温和的气温等。为适应黑暗环境，夜行性动物发展出了用来生存、辨别方向、狩猎或探测危险的特殊能力。有些物种的夜视能力比人类强得多；有些对红外线辐射很敏感，它们能据此探测热量，从而识别和确定猎物的位置；敏锐的听觉和嗅觉可以帮助它们侦察细微的动静。

　　如今，许多夜行物种受到光污染（No.58）的威胁，它们的栖息地和狩猎场因此在大幅减少。

　　从严格意义上来说，我们需要区分夜行性动物与昼伏夜出的动物（猫和许多昆虫），后者在黎明和黄昏时分外出活动。

鬼魂和幽灵

1. 巴
古埃及

2. 幽灵
日本

3. 多丽丝
加勒比地区

4. 白夫人
欧洲

5. 通拔克
格陵兰岛

6. 饿鬼
中国

7. 哭泣的女人
墨西哥

8. Koi Koi夫人
尼日利亚

9. 帕卡南鬼妻娜娜
泰国

　　幽灵和复仇的鬼魂是许多民间传说中不可分割的一部分，关于它们的故事世代相传。**1.** 古埃及的巴（Ba）是一种转生的力量，象征着死者的灵魂离开肉身去往来世的时刻。**2.** 日本幽灵（Yurei）诞生自横死。由于无处安息，死者的灵魂变成了复仇的幽灵。**3.** 在马提尼克岛，多丽丝（Dorlis）是一种雄性生物，出没于夜色中，会性侵熟睡的妇女。4. 半仙半巫的白夫人居住在欧洲和美洲的森林里，或装作幽灵搭车者在路上游荡。**5.** 根据因纽特人的传说，巫师能召唤出通拔克（Tuunbaq）帮助其杀死某个指定的人。**6.** 每年，饿鬼都会回到活人的世界，寻找食物，探望亲人。**7.** 杀死自己的孩子后，哭泣的女人（La Llorona）沉浸在痛苦中无法自拔。她徘徊于湖畔和河岸之间，在悲泣中倾吐哀伤。**8.** Koi Koi夫人[1]生前是一位教师，她的鬼魂出没于学校宿舍和走廊。**9.** 帕卡南鬼妻娜娜（Mae Nak）是一个女人的鬼魂，她在等待参军的丈夫归来时难产而死。

1　此处的"Koi Koi"是高跟鞋拟声词。——译者注

烟花

A. 娱乐烟花的爆炸原理

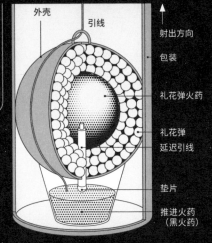

外壳
引线
射出方向
包装
礼花弹火药
礼花弹
延迟引线
垫片
推进火药
（黑火药）

主体

推进部分

1. 点燃引线

2. 引线
点燃火药

3. 射出礼花弹外壳，
点燃垫片

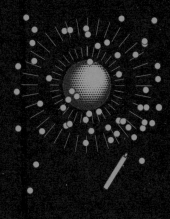

4. 垫片点燃礼花弹
和延迟引线

5. 礼花弹爆炸，
绽放出不同效果

B. 形状

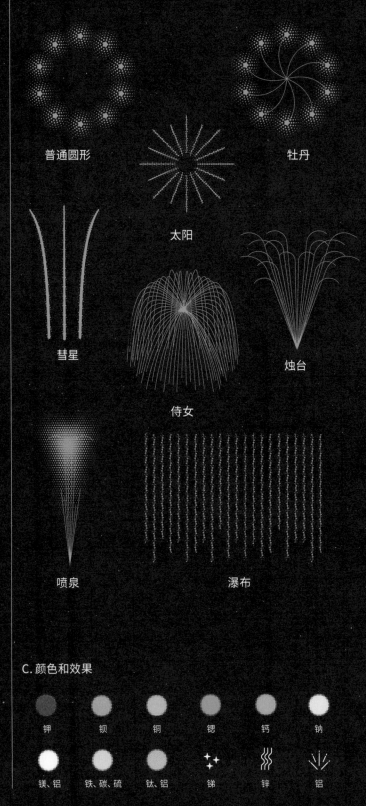

普通圆形

牡丹

太阳

彗星

烛台

侍女

喷泉

瀑布

C. 颜色和效果

钾　钡　铜　锶　钙　钠

镁、铝　铁、碳、硫　钛、铝　锑　锌　铝

黑火药——硫黄、硝酸钾和木炭的爆燃混合物——发明于公元9世纪的中国。装有黑火药的竹筒被认为是最早的火器。1886年后，黑火药被效率更高的辉石粉（也称"白火药"或"无烟火药"）取代，现在多用于鞭炮和烟花。

随着19世纪烟花技术的发展，虽然其原理没有改变**（A）**，但炸药成分和结构的变化，使得烟花在爆炸瞬间可以呈现出各种形状**（B）**、颜色和效果**（C）**。烟花表演通常伴有舞蹈和音乐，出现在许多节日庆典中（新年、国家节日等）。然而，尽管烟花对环境的影响小于其他人为排放物，但也不容忽视：大型烟花表演产生的污染高峰可持续数天，会向大气中释放有毒和不可降解的金属元素。

星空图

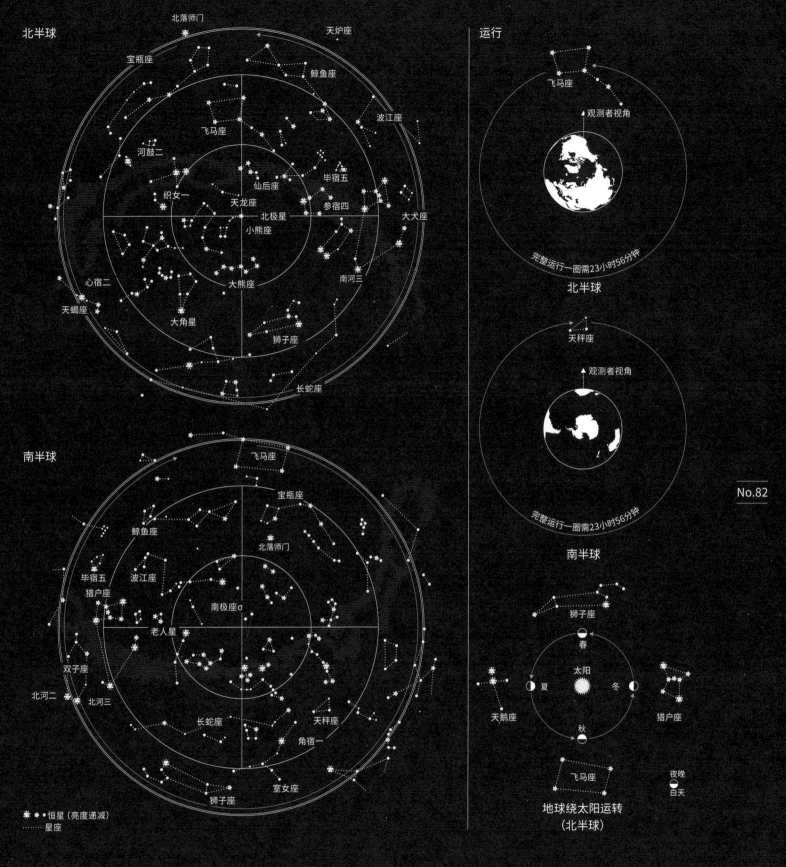

北半球

北落师门 · 天炉座 · 宝瓶座 · 鲸鱼座 · 波江座 · 飞马座 · 河鼓二 · 仙后座 · 毕宿五 · 织女一 · 天龙座 · 参宿四 · 北极星 · 小熊座 · 大犬座 · 大熊座 · 南河三 · 心宿二 · 天蝎座 · 大角星 · 狮子座 · 长蛇座

南半球

飞马座 · 宝瓶座 · 鲸鱼座 · 北落师门 · 毕宿五 · 波江座 · 猎户座 · 南极座σ · 老人星 · 双子座 · 北河二 · 北河三 · 长蛇座 · 天秤座 · 角宿一 · 室女座 · 狮子座

✳ · 恒星（亮度递减）
┈ 星座

运行

飞马座 · 观测者视角

完整运行一圈需23小时56分钟

北半球

天秤座 · 观测者视角

完整运行一圈需23小时56分钟

南半球

狮子座 · 春 · 太阳 · 夏 · 冬 · 秋 · 天鹅座 · 猎户座 · 飞马座 · 夜晚 · 白天

地球绕太阳运转
（北半球）

　　夜空中，星座是一组组由假想的线条连接在一起的星星。公元前2世纪，出生于尼西亚的喜帕恰斯（Hipparchus）首次大规模提及星座。星座常与神话联系在一起，例如大熊座（No.37）。星座随着夜晚时间的流逝而运转，描绘出天空的运动。因为地球是一个球体，我们只能观测到我们所在半球的天空。所以，南半球的观测者看不见北半球的星座，反之亦然。有些星座东升西落，而另一些永远位于地平线上方，永不落下：这就是环极星座。在天体地图上，北极星位于中

心位置，与北极吻合。同样，南极座σ位于最靠近南极的位置。地球围绕太阳旋转会影响某些星座的可见度：是否能观察到天鹅座或狮子座因季节而异。1928年，国际天文学联合会明确地将天空划分为88个星座区域，并给出了明确的边界：44个位于北半球（北方）；44个位于南半球（南方）。

信鸽

磁感应实验（沃尔科特，1980 年）

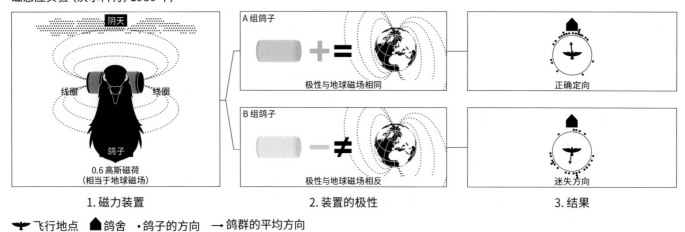

1. 磁力装置　　　　　2. 装置的极性　　　　　3. 结果

🐦 飞行地点　🏠 鸽舍　·鸽子的方向　→ 鸽群的平均方向

地面重力实验（卡列夫斯基等人，1985年）

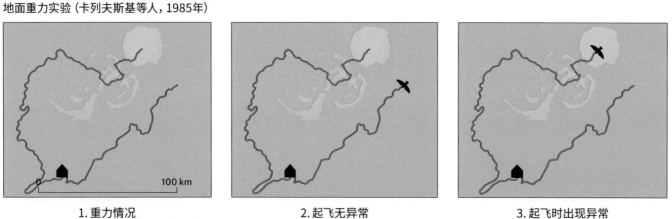

1. 重力情况　　　　　2. 起飞无异常　　　　　3. 起飞时出现异常

🐦 飞行地点　🏠 鸽舍　● 重力正常　● 重力异常　〰 鸽子的飞行轨迹

气味实验（加利亚尔多等人，2020 年）

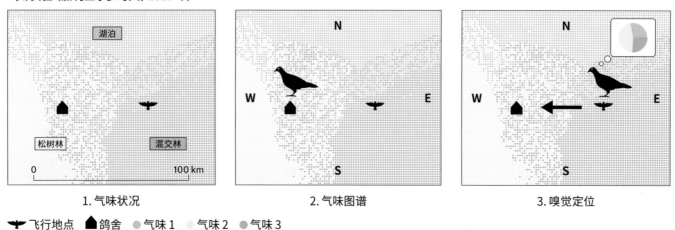

1. 气味状况　　　　　2. 气味图谱　　　　　3. 嗅觉定位

🐦 飞行地点　🏠 鸽舍　● 气味1　● 气味2　● 气味3

　　鸽子只朝一个方向飞行，也就是鸽舍的方向。信鸽能在飞行几百千米的同时精确定向，军队曾利用它们将信息从一线传递到总部。凭借高效的记忆力，信鸽能以太阳和星星的位置为向导，在心中绘制地图。

　　虽然人们尚未完全破解鸽子的定向谜团，但一些科学实验揭示了某些信息。磁感应实验证明，鸽子能像候鸟一样借助地球磁场（No.97）确定自己的方位。过去，人们一直认为这种感应能力靠的是鸽喙中含有的微小磁铁矿（一种氧化铁）晶体，后来这一看法遭到质疑，因为晶体实际上并没有和神经系统相连。此外还有实验表明，鸽子能感应重力，和能记住所处环境的"气味地图"。

情报组织

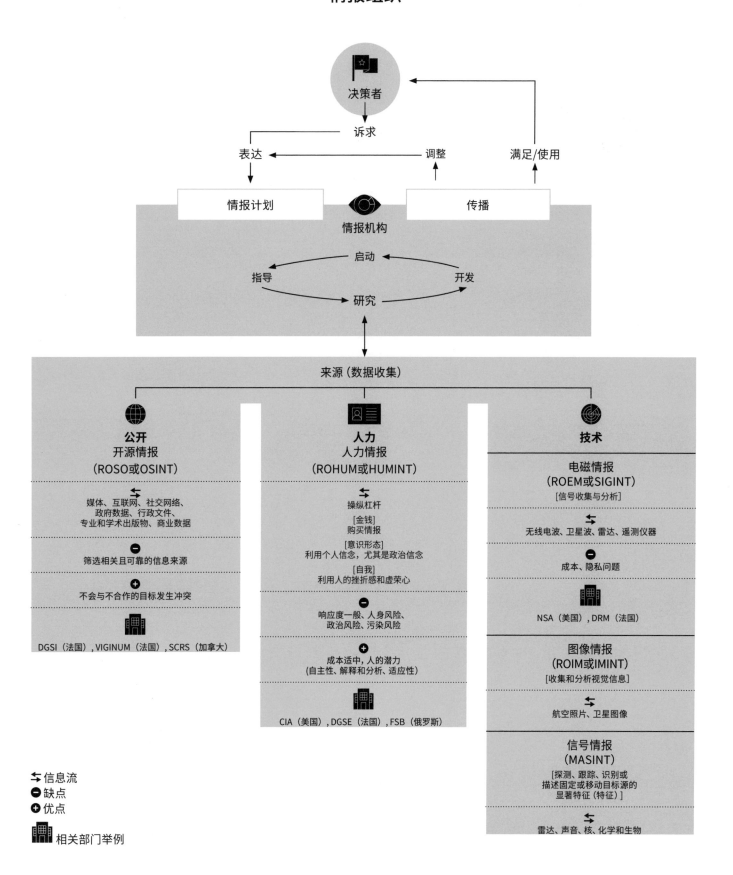

公开
开源情报
（ROSO或OSINT）

媒体、互联网、社交网络、
政府数据、行政文件、
专业和学术出版物、商业数据

筛选相关且可靠的信息来源

不会与不合作的目标发生冲突

DGSI（法国），VIGINUM（法国），SCRS（加拿大）

人力
人力情报
（ROHUM或HUMINT）

操纵杠杆

[金钱]
购买情报
[意识形态]
利用个人信念，尤其是政治信念
[自我]
利用人的挫折感和虚荣心

响应度一般、人身风险、
政治风险、污染风险

成本适中，人的潜力
（自主性、解释和分析、适应性）

CIA（美国），DGSE（法国），FSB（俄罗斯）

技术

电磁情报
（ROEM或SIGINT）
[信号收集与分析]

无线电波、卫星波、雷达、遥测仪器

成本、隐私问题

NSA（美国），DRM（法国）

图像情报
（ROIM或IMINT）
[收集和分析视觉信息]

航空照片、卫星图像

信号情报
（MASINT）
[探测、跟踪、识别或
描述固定或移动目标源的
显著特征（特征）]

雷达、声音、核、化学和生物

信息流
缺点
优点

相关部门举例

"耳目遍天下"可以说是对情报的一个粗略定义。几个世纪以来，情报与军事战略同步部署。该术语指的是服务于地缘战略、经济或军事决策的一种收集、评估和分析数据的方法。它从决策者的诉求出发，情报机构力图利用不同来源的信息（其中大部分属于公共领域）来满足决策者的要求。开源情报包括报刊文章、行政报告或在线出版物，其唯一掣肘便是如何从激增的数据——大数据（No.108）中处理获得的信息。人力情报主要来自特工和渗透，孕育了所谓"间谍小说"，而技术情报的使用则会引发道德问题。2013年，前美国国家安全局员工爱德华·斯诺登（Edward Snowden）披露了其雇主开发的庞大电话和电子监控系统，成了美国特工史上最大的泄密事件。

极限求生

No.85

北极小岛 (1923年)

艾达·布莱克杰克 (1898—1983)
美国女裁缝 (因纽特人)

0 — 203
求生天数

楚科奇海
弗兰格尔岛
阿拉斯加
俄罗斯
白令海

🍽 食物：
鸟类、狐狸、
海豹、北极熊

0 — ? — 30
体重减轻 (kg)

求生手段：
建塔狩猎，
等待救援。

茫茫海上 (1953年)

阿兰·邦巴尔 (1924—2005)
法国生物学家

0 — 65 — 200
求生天数

加那利群岛
大西洋
巴巴多斯

🍽 食物：
浮游生物、
腌鱼、雨水

0 — 25 — 30
体重减轻 (kg)

求生手段：
写航海日志，
保持忙碌和希望。

干旱的沙漠 (1999年)

罗伯特·博古奇 (1966—)
美国消防员

0 — 43 — 200
求生天数

印度洋
沙火路边餐厅
大沙沙漠
澳大利亚

🍽 食物：
树叶、野果、花瓣

0 — 20 — 30
体重减轻 (kg)

2.7 m

求生手段：
挖井找水，
然后用穿孔箱过滤。

在极限环境下求生，您需要掌握一些应对手段：找到安全、合适的住所，学会狩猎和采集，加热或净化找到的水。

1923年，由四名盎格鲁－撒克逊探险家和当地女裁缝艾达·布莱克杰克 (Ada Blackjack) 组成的探险队计划征服北冰洋的弗兰格尔岛。由于补给不足，布莱克杰克被留下来照顾其中一位生病的队员，其他人则出发去寻求帮助。然而，那群人再也没回来，五个月后，病人去世，布莱克杰克勉力求生约200天后获救。阿兰·邦巴尔 (Alain Bombard) 是一名医生和生物学家，他计划独自驾驶一艘橡皮艇横渡大西洋，旨在证明遭遇海难的人可以在海上生存。为此，他制定了几条规则：吃鱼和浮游生物；喝少量海水、雨水或从鱼肉中挤压提取的水；制定一份时间表，以掌握度过的时间；当心剑鱼、鲨鱼以及绝望。美国消防员罗伯特·博古奇 (Robert Bogucki) 试图骑车穿越澳大利亚沙漠，后来他在沙漠中迷路，流浪了43天。在此期间，他挖沙取水，以植物为生，体重减轻了20千克。

使用火种

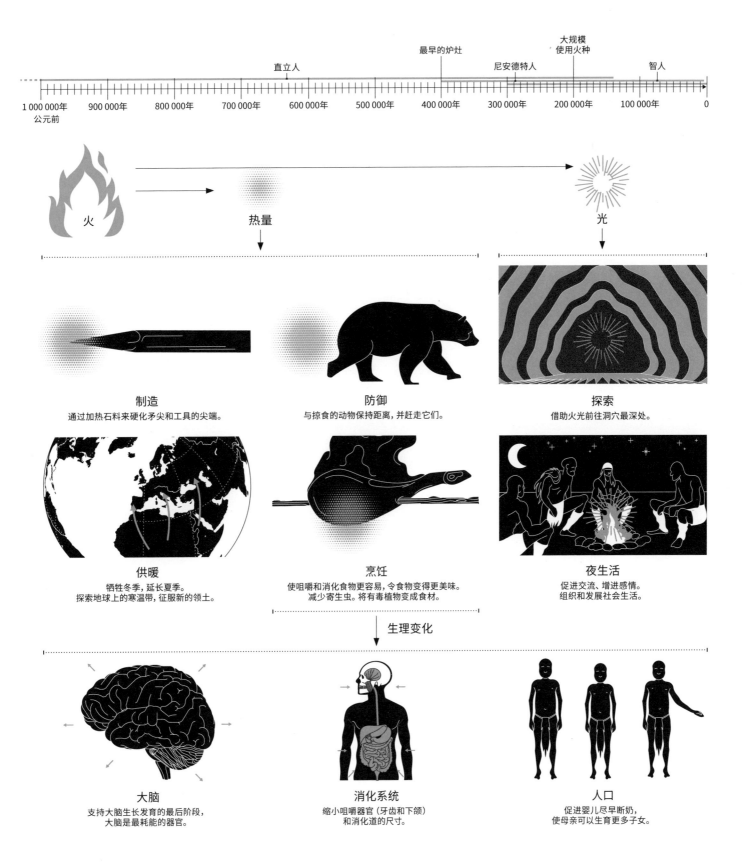

火 → **热量** → **光**

制造
通过加热石料来硬化矛尖和工具的尖端。

防御
与掠食的动物保持距离，并赶走它们。

探索
借助火光前往洞穴最深处。

供暖
牺牲冬季，延长夏季。
探索地球上的寒温带，征服新的领土。

烹饪
使咀嚼和消化食物更容易，令食物变得更美味。
减少寄生虫。将有毒植物变成食材。

夜生活
促进交流、增进感情。
组织和发展社会生活。

生理变化

大脑
支持大脑生长发育的最后阶段，
大脑是最耗能的器官。

消化系统
缩小咀嚼器官（牙齿和下颌）
和消化道的尺寸。

人口
促进婴儿尽早断奶，
使母亲可以生育更多子女。

时间轴：1 000 000年 公元前、900 000年、800 000年、700 000年、600 000年、500 000年、400 000年、300 000年、200 000年、100 000年、0
直立人、最早的炉灶、尼安德特人、大规模使用火种、智人

在南非斯瓦特科兰斯洞穴，人们发现了270块烧焦的骨头，这是人类较早使用火的痕迹，可追溯到150万至100万年前。这也说明人类刚开始使用的是不受控制的火，很可能源自一场自然火灾。事实上，人们没有在此处发现任何炉灶或木炭的痕迹。大约40万年前，炉子开始出现。人类对火的驯化产生了一系列行为上的进化，如延长白天、防御掠食者、促进社会生活和艺术生活的发展、探索新领域等。在出土直立人骨骼化石的中国周口店遗址，动物尸体和灰烬表明当时的人已用火烹饪。在摩洛哥的杰贝尔伊罗（Jebel Irhoud）智人遗址发现了加热过的燧石刀片，为人类制造工具提供了证据。法国德雷干（Menez Dregan）遗址出土的一块被燧石击中的铁结核被认为是最古老的点火器。这些行为上的变化也改变了人类的生理特征：大脑增大、消化道缩小、人口增长。

度量时间

非常精确

精确

不精确

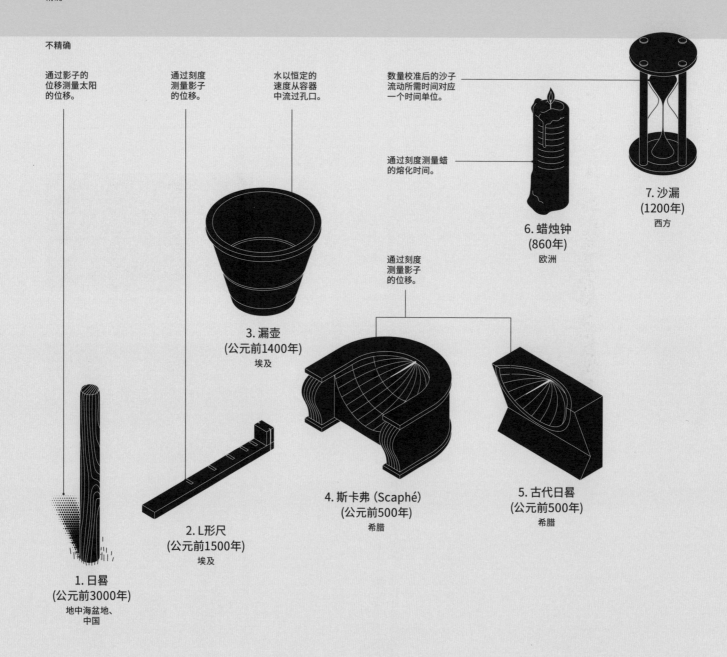

通过影子的位移测量太阳的位移。

通过刻度测量影子的位移。

水以恒定的速度从容器中流过孔口。

数量校准后的沙子流动所需时间对应一个时间单位。

通过刻度测量蜡的熔化时间。

7. 沙漏
(1200年)
西方

6. 蜡烛钟
(860年)
欧洲

3. 漏壶
(公元前1400年)
埃及

通过刻度测量影子的位移。

4. 斯卡弗 (Scaphé)
(公元前500年)
希腊

5. 古代日晷
(公元前500年)
希腊

2. L形尺
(公元前1500年)
埃及

1. 日晷
(公元前3000年)
地中海盆地、中国

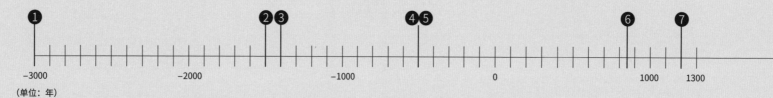

❶		❷❸		❹❺		❻	❼
-3000	-2000		-1000		0	1000	1300

（单位：年）

自最早的文明以来，度量时间——通过将时间划分为若干单位来测量——一直是人类社会的关注重点，社会、经济和宗教时间都需要共同的参考标准。已知最古老的时间测量物可以追溯到公元前3000年，它们基于周期性的自然现象来测量时间，如太阳的位移和地面影子的位移（**1，2，4，5**）、季节和月球的循环、水（**3**）或沙子（**7**）的流动、蜡烛的熔化（**6**）。"时钟"一词自古以来就有，特别是水钟——相当于加有时间指示器的漏壶。随着机械化的发展，现代时钟出现于1300年。摆杆（**8**）、摆锤（**9**）以及后来带螺旋弹簧（**10**）的时钟使时间测量逐渐变得精确。20世纪，随着电子技术的出现，机械调速器被石英（**11，13**）以及原子（**12**）取代，前者是一种晶体，在电流刺激下能以精确频率振荡，后者的振动频率由两个能级之间的跃迁决定，是不可变的，因此可以用来定义秒。

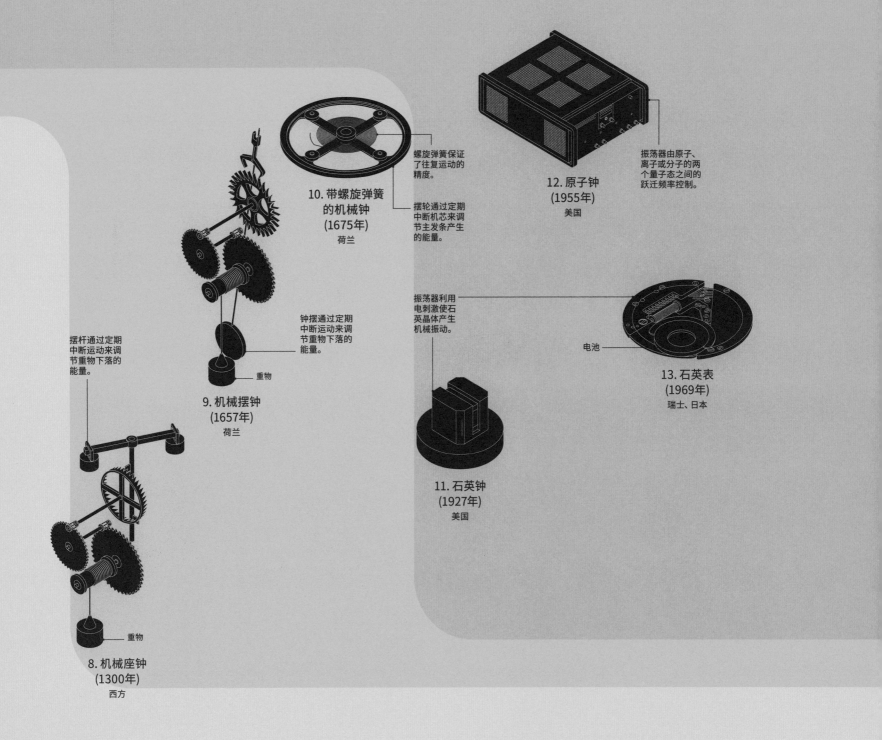

10. 带螺旋弹簧
的机械钟
(1675年)
荷兰

螺旋弹簧保证
了往复运动的
精度。

摆轮通过定期
中断机芯来调
节主发条产生
的能量。

12. 原子钟
(1955年)
美国

振荡器由原子、
离子或分子的两
个量子态之间的
跃迁频率控制。

9. 机械摆钟
(1657年)
荷兰

钟摆通过定期
中断运动来调
节重物下落的
能量。

重物

振荡器利用
电刺激使石
英晶体产生
机械振动。

13. 石英表
(1969年)
瑞士、日本

电池

摆杆通过定期
中断运动来调
节重物下落的
能量。

11. 石英钟
(1927年)
美国

8. 机械座钟
(1300年)
西方

重物

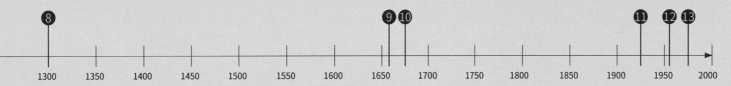

| | ❽ | | | | | | | | ❾ ❿ | | | | | | ⓫ ⓬ ⓭ |
| 1300 | 1350 | 1400 | 1450 | 1500 | 1550 | 1600 | 1650 | 1700 | 1750 | 1800 | 1850 | 1900 | 1950 | 2000 |

"我们在同一张桌子上看到了蜡烛和沙漏,这两个表达人类时间的生命体,却
有着截然不同的风格!火焰是一个向上流动的沙漏。火焰比流动的沙子更轻,它
不断塑造着自己的形状,就好像时间本身总是要做些什么。在宁静的冥想中,火
焰和沙漏表达了轻盈和沉重的时间的交融……我想梦见时间,梦见流动的时间和
飞逝的时间,如果我能把蜡烛和沙漏一起带进我想象中的牢房。"

——加斯东·巴什拉,
《烛之火》(*La Flamme d' une chandelle*),1961年。

恐龙时代的庞然大物

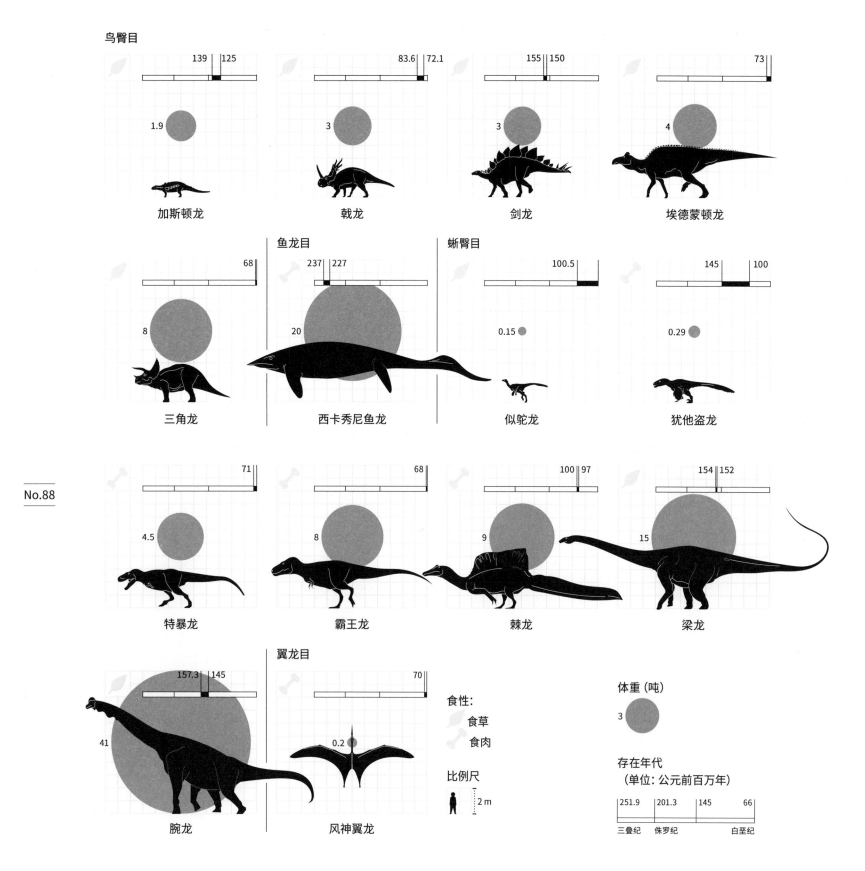

鸟臀目

加斯顿龙 · 139 | 125 · 1.9

戟龙 · 83.6 | 72.1 · 3

剑龙 · 155 | 150 · 3

埃德蒙顿龙 · 73 · 4

三角龙 · 68 · 8

鱼龙目

西卡秀尼鱼龙 · 237 | 227 · 20

蜥臀目

似鸵龙 · 100.5 · 0.15

犹他盗龙 · 145 | 100 · 0.29

特暴龙 · 71 · 4.5

霸王龙 · 68 · 8

棘龙 · 100 | 97 · 9

梁龙 · 154 | 152 · 15

翼龙目

腕龙 · 157.3 | 145 · 41

风神翼龙 · 70 · 0.2

食性：
食草
食肉

比例尺
2 m

体重（吨）
3

存在年代
（单位：公元前百万年）

| 251.9 | 201.3 | 145 | 66 |
| 三叠纪 | 侏罗纪 | 白垩纪 | |

　　1842年，英国古生物学家理查德·欧文（Richard Owen）研究了几种大型脊椎动物的化石后，提出了"TERRIBLY LARGE LEZARD"（超大蜥蜴）这一词源。这些动物消失在距今6600万年前的白垩纪末期（No.114）。这些两足或四足、食肉或食草的陆生动物有许多演化特征，如角、嵴或羽毛，但最引人注目的是它们的体形：体重可达70多吨，身高可至30余米。我们可以根据骨盆骨的形状将恐龙分为两类：鸟臀目和蜥臀目。像梁龙和腕龙这样的蜥臀目食草动物的体形之庞大，前所未见。这些物种之所以能够进化到如此程度，是因为在高处可以获得比低处更丰沛的食物。鱼龙目和翼龙目是与恐龙同时代的爬行动物。鱼龙目栖息在海洋之中，而翼龙目是最早的飞行脊椎动物，长有膜质翅膀，有时被羽绒覆盖，翼展可达12米。

鸟类飞行

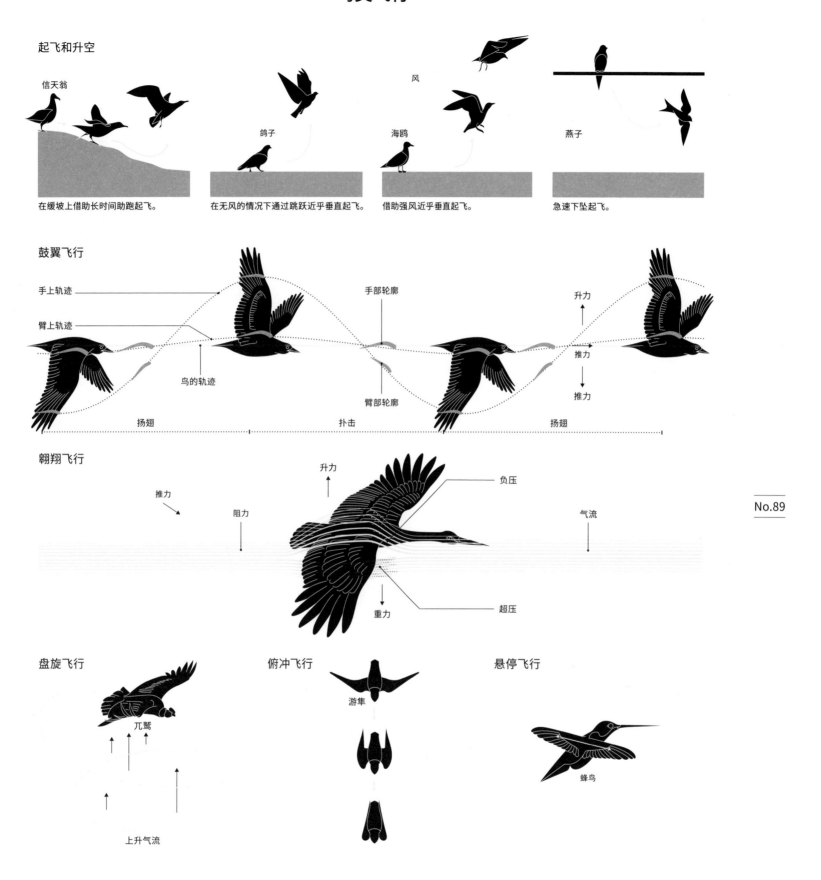

起飞和升空

信天翁
在缓坡上借助长时间助跑起飞。

鸽子
在无风的情况下通过跳跃近乎垂直起飞。

海鸥
借助强风近乎垂直起飞。

风

燕子
急速下坠起飞。

鼓翼飞行

手上轨迹
臂上轨迹
手部轮廓
臂部轮廓
鸟的轨迹
升力
推力
推力
扬翅
扑击
扬翅

翱翔飞行

升力
推力
阻力
负压
超压
重力
气流

盘旋飞行

兀鹫
上升气流

俯冲飞行

游隼

悬停飞行

蜂鸟

　　"我将《鸟类学》分为四册：第一册论述鼓翼飞行（振翅飞行）；第二册论述借风飞行（翱翔飞行）；第三册论述蝙蝠、鱼类和昆虫的一般飞行；第四册论述人工飞行"，达·芬奇在笔记中提到了这部永远不会问世的作品。不过，他在1505年出版的《鸟类飞行手稿》中继续这一主题，还提及了自己设计的著名飞行器，虽然它们没有被做出来。

　　大多数鸟类的飞行都要靠翅膀。细长的羽毛附着在上肢，在飞行过程中提供升力。翅膀的特殊形状是每种鸟类的特征，可以用来辨别物种，就像鸟鸣（No.32）或动物的脚印（No.1）一样。鸟类翅膀的形状与其偏好的飞行方式（鼓翼、翱翔、俯冲、盘旋或悬停）和特定用途相适应：兀鹫在不消耗能量的情况下在广阔的土地上空盘旋，寻找腐肉；游隼利用俯冲的速度捕食其他鸟类；蜂鸟则通过悬停从花朵中采蜜（No.78）。

冰川的形态

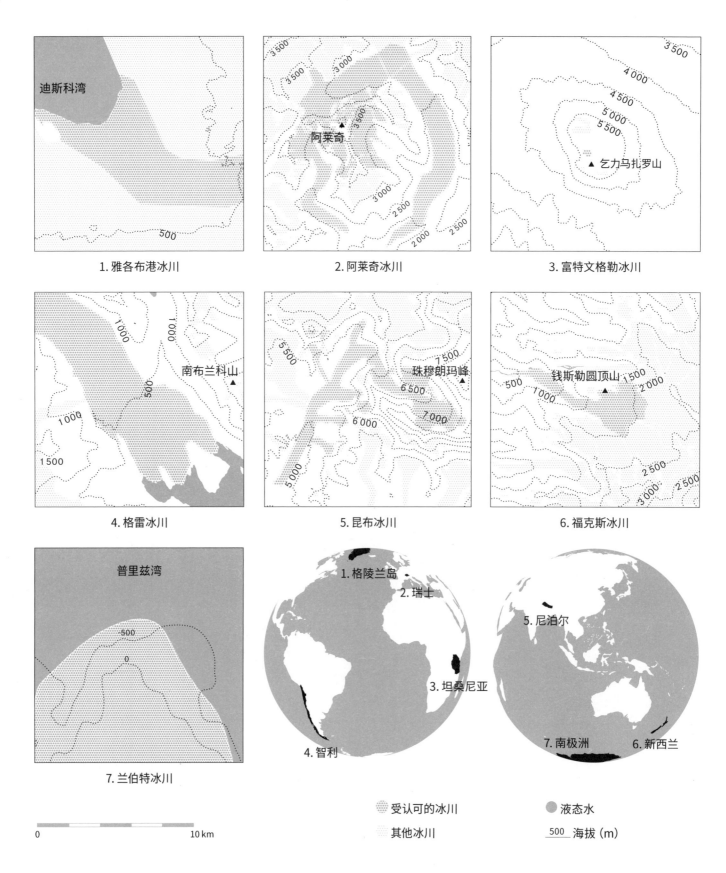

1. 雅各布港冰川

2. 阿莱奇冰川

3. 富特文格勒冰川

4. 格雷冰川

5. 昆布冰川

6. 福克斯冰川

7. 兰伯特冰川

受认可的冰川　　　液态水

其他冰川　　　500 海拔 (m)

0　　　　　　　　10 km

　　无论冰川是否位于海滨（**1，4**），无论冰川的面积是广阔如南极洲（**7**）的 40 000 平方千米，还是仅仅覆盖乞力马扎罗山巅（**3**）的 0.011 平方千米，它们都是经过数千年降雪积累而成的致密冰块。在自身重力作用下，逐年累积的雪层变得致密，凝结成冰。尽管许多冰川位于高海拔地区的山顶，但它们也能覆盖平坦的表面，例如格陵兰岛（**1**）的冰川会形成冰盖。我们可以观察到两个典型的区域：积雪区和消融区。积雪区长年有雪，而消融区位于冰川前端。

　　宽阔的冰河在重力的影响下沿着斜坡缓缓流下。气候变化促使大多数冰川消退，有时场面极其壮观，特别是当冰川破裂形成冰山，坠入智利（**4**）的湖泊或南极海域（**7**）的时候。其他冰川则相对稳定，如位于瑞士（**2**）的冰川。而在极其特殊的情况下，个别冰川甚至仍在扩张，如新西兰的福克斯冰川（**6**）。

冰山尾流

太阳能

雪燕
鹱鹋
阿德利企鹅
白鞘嘴鸥
大贼鸥
尖尾鸭

韦德尔氏海豹
沙漏斑纹海豚

鲸鱼
蛞蝓
磷虾

溶解的铁
浮游植物

水母

冰鱼

➡ 食物链示例

　　"在大约南纬62°，我们看到了第一批冰山，它们状如平桌，边缘陡峭……经过热带地区的长距离航行之后，不断下降的气温让我心烦意乱，但我还是努力打起精神，准备迎接更严酷的寒冷。" H.P. 洛夫克拉夫特在1936年出版的《疯狂山脉》（*At the Mountains of Madness*）中如此描述。

　　巨大的冰块从覆盖南极大陆的冰盖上脱落，漂浮在南极的海面上，形成千千万万个冰山。而北冰洋的冰山来流向大海的冰川。这片海域不仅富含营养物质（硝酸盐、磷酸盐等），还含有大量铁元素，既有冰层融化后释放的铁，也有溶解在冰山尾流中的铁。铁元素可以促进浮游植物的生长，而浮游植物是南极食物网（No.19）的基础。此外，冰山被淹没的部分有75% ～ 90%会受到洋流的打磨：回漩的洋流把冰山撞击出一个个小坑，成为被营养物质、铁和藻类（No.92）吸引而来的海洋动物的天堂。最后，稳定的环境（温度和盐度随季节变化很小）使南极洲成为各种海洋生物和飞行生物的栖息地。

藻类

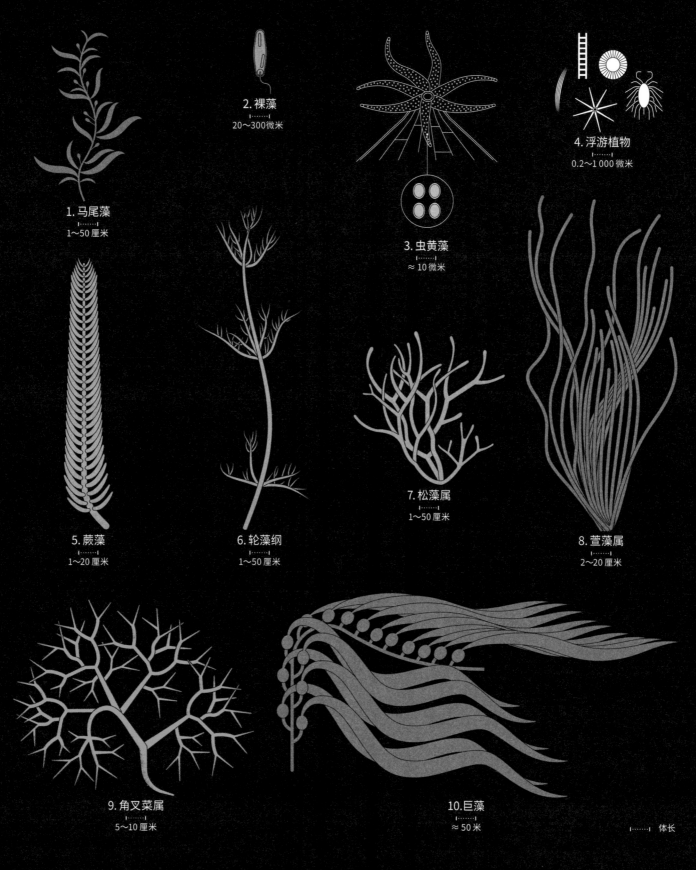

2. 裸藻
20～300微米

1. 马尾藻
1～50 厘米

4. 浮游植物
0.2～1 000微米

3. 虫黄藻
≈ 10 微米

5. 蕨藻
1～20 厘米

6. 轮藻纲
1～50 厘米

7. 松藻属
1～50 厘米

8. 萱藻属
2～20 厘米

9. 角叉菜属
5～10 厘米

10.巨藻
≈ 50 米

体长

藻类是能够进行光合作用的水生生物的总称，通常位于食物链的底层（No.19）。褐藻（**1，8，10**）大量存在于寒温带水域，形成水下森林，在沿海生态系统中发挥着至关重要的作用，也被用作工业原材料。其中，马尾藻（**1**）通过气囊浮上海面。巨藻（**10**）则使用固着器附着在海底。绿藻（**5，6，7**）和红藻最接近陆生植物。红藻（**9**）被认为出现于14亿年前。此外，还有种类繁多的微藻，如主要生活在死水表面的裸藻（**2**），有时被用作生物燃料；金棕色的虫黄藻（**3**），它们与珊瑚共生，从珊瑚中吸收释放的二氧化碳；浮游植物（**4**）是漂浮在海洋表层的单细胞微藻，它们大量生长时会引发赤潮、绿潮或棕潮。

珊瑚礁	水生植物丛	海边红树林	灌木红树林	森林红树林	草泽	后红树林
	水下草甸		大潮	异常潮汐	金蕨	

类型

高跷根：
过滤盐分

1. 红树（美洲红树）

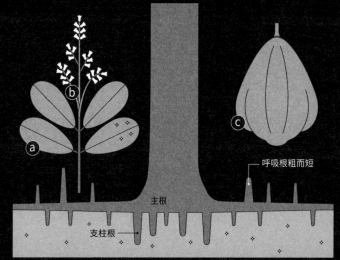

呼吸根粗而短

主根

支柱根

2. 白皮红树（对叶榄李）

呼吸根细而长

3. 黑皮红树（黑海榄雌）

板状根

4. 灰皮红树（榿果木）

a. 叶子
b. 花
c. 果实
✦ 盐

　　在陆地和海洋之间、沼泽和珊瑚礁之间都能发现红树林，它们生长在热带和亚热带地区的咸水沿海水域。红树林主要由红树植物构成，覆盖了地球上总面积为 150 000 平方千米的泥泞漫水表面。这些半淹没的森林及其水生植物丛和气生根，为甲壳类动物、鸟类和昆虫提供了丰富的生态系统。由于空气潮湿、土壤含氧量低，枯老红树的分解过程非常缓慢，形成了令人惊讶的碳储。根据 2011 年发表在《自然》杂志上的一项研究，印度尼西亚的某些红树林每

公顷可储存超过 1 000 吨碳。不同类型的红树林都能通过气生根（高跷根或呼吸根）适应水生环境，它们以此呼吸并过滤沿海水中的盐分。阴森森的红树林是孕育神话、激发好奇心的肥沃土壤：它是药用叶子的提供者，是抵抗殖民者的瓜德罗普奴隶的避难所，也是阿拉伯神话中的超自然生物精灵（Djinn）的藏身之处。

爱情的化学原理

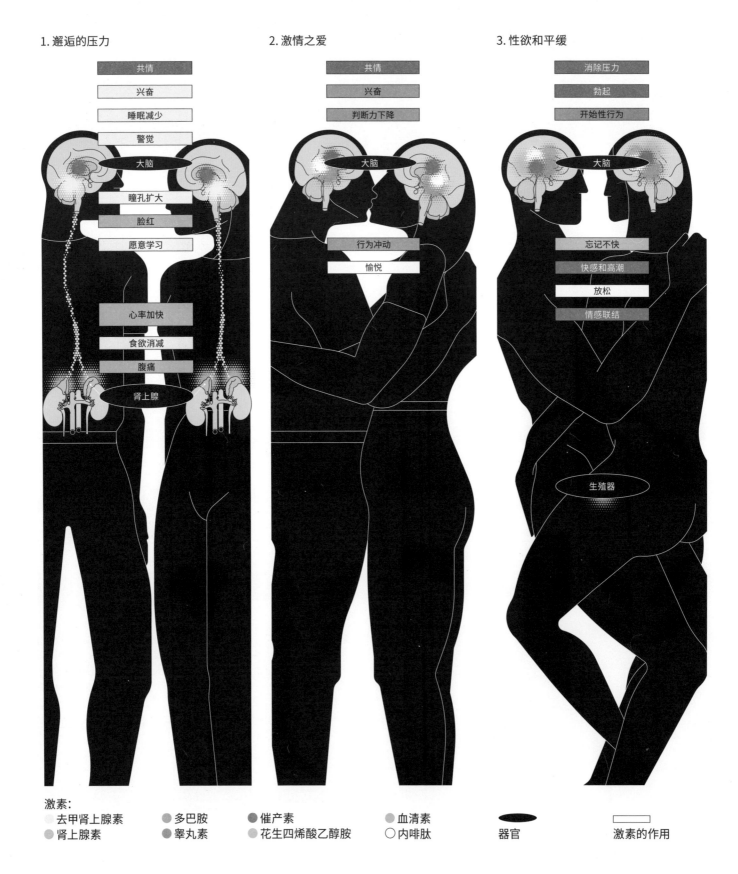

1. 邂逅的压力　　　　　2. 激情之爱　　　　　3. 性欲和平缓

共情　兴奋　睡眠减少　警觉　大脑　瞳孔扩大　脸红　愿意学习　心率加快　食欲消减　腹痛　肾上腺

共情　兴奋　判断力下降　大脑　行为冲动　愉悦

消除压力　勃起　开始性行为　大脑　忘记不快　快感和高潮　放松　情感联结　生殖器

激素：

去甲肾上腺素　多巴胺　催产素　血清素　器官
肾上腺素　睾丸素　花生四烯酸乙醇胺　内啡肽　激素的作用

　　阿尔伯特·科恩在《魂断日内瓦》（Belle du Seigneur，1968）中写道："别人需要几周甚至几个月的时间才能坠入爱河……你可以说我疯了，但请相信我。她轻轻地眨一下眼……是荣光，是春天，是阳光，是温暖的海水和岸边的透明，我的青春回来了，世界诞生了。"

　　一见钟情、浪漫关系、柏拉图式爱情、激情之爱、精神之爱……爱情无时无刻不在赋予艺术家以灵感，也让社会学家和心理学家为之着迷。爱情还是一个化学问题：大脑中与共情作用相同的神经回路（No.16）被激活，从而激发了多种激素混合物。邂逅使与压力有关的激素扩散：手心出汗，心跳加速。接下来，"快乐荷尔蒙"多巴胺使人变得兴奋，这种激素也存在于毒品或酒精导致的成瘾行为中。它会引发"戒断状态"和行为异常，甚至还会出现强迫行为。在性行为过程中，一种新的化学反应逐渐展开，直到高潮后进入平缓放松的状态，此时血压、心率和呼吸频率都将恢复正常。

绞杀无花果树

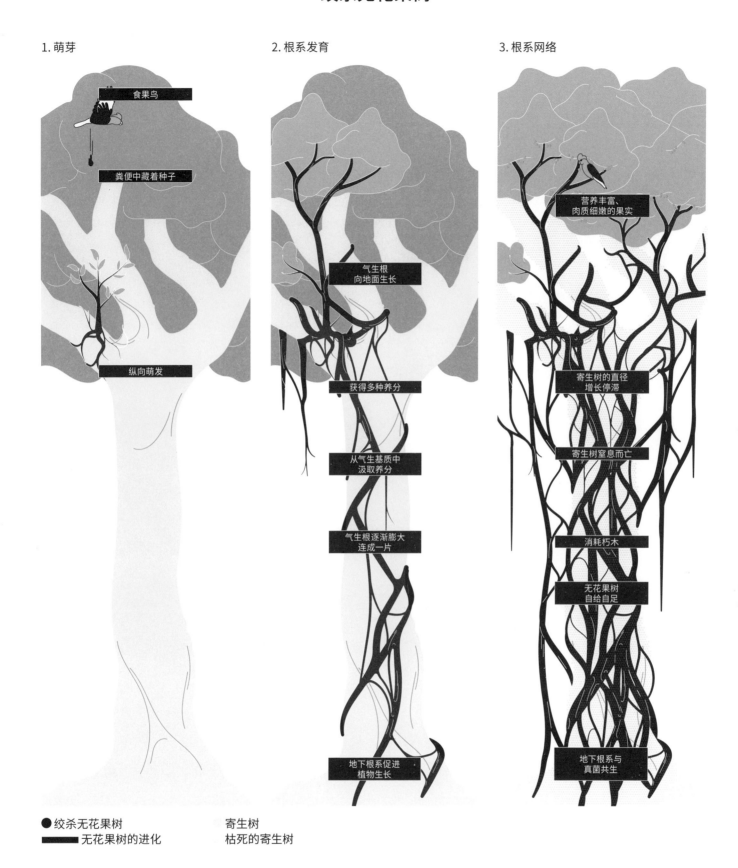

1. 萌芽

食果鸟

粪便中藏着种子

纵向萌发

2. 根系发育

气生根
向地面生长

获得多种养分

从气生基质中
汲取养分

气生根逐渐膨大
连成一片

地下根系促进
植物生长

3. 根系网络

营养丰富、
肉质细嫩的果实

寄生树的直径
增长停滞

寄生树窒息而亡

消耗朽木

无花果树
自给自足

地下根系与
真菌共生

● 绞杀无花果树　　　　　寄生树
▬ 无花果树的进化　　　　枯死的寄生树

　　热带鸟类取食无花果后，粪便里会携带果实的种子（No.74）。如果粪便落在了树上，种子就会在树上发芽。这种看似无害的现象实际上是榕属无花果树适应环境的非凡结果。热带森林郁郁葱葱，上部茂密的树冠遮蔽了大部分的阳光，下层植被只能获得很少的光照。为了生存下来并获得充足的光照，绞杀无花果树将果实变得尽可能美味营养、色彩斑斓，以吸引传播种子的动物。这些植物是"半附生植物"：发芽后，它们的气生根一边向地面生长，一边缠绕着寄主的树干和树枝，以从寄生树和土壤中汲取丰富的养分。随着根系逐渐形成，绞杀无花果树像寄生虫一样生长，最终不可避免地，被它紧紧缠绕的寄生树窒息而死。我们经常能在墙壁或建筑物上见到这种植物树，柬埔寨吴哥窟废墟上的就属此例。

波浪

形成过程

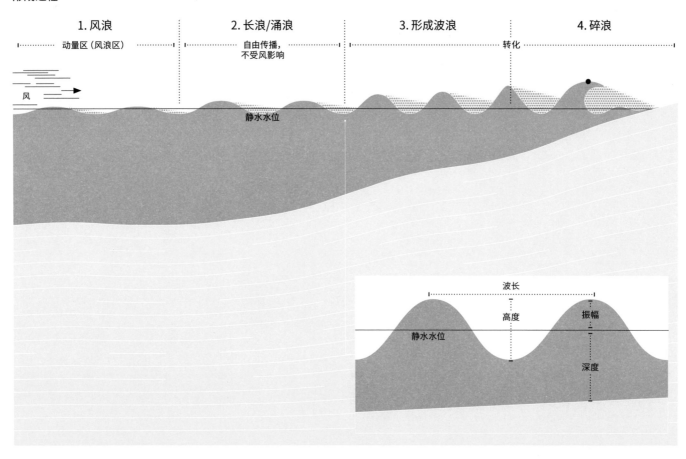

碎浪的种类

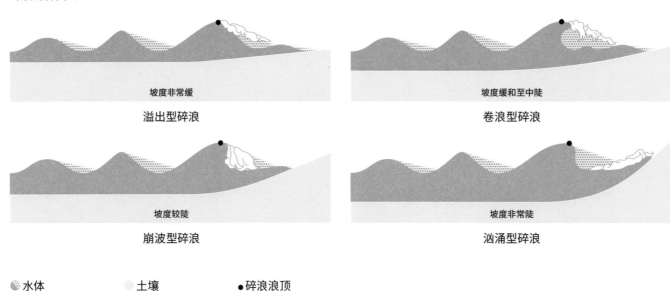

溢出型碎浪　坡度非常缓

卷浪型碎浪　坡度缓和至中陡

崩波型碎浪　坡度较陡

汹涌型碎浪　坡度非常陡

🌊 水体　　　　土壤　　　●碎浪浪顶

　　"大海啊永远在重新开始！"保尔·瓦雷里（Paul Valéry）正是用这些诗句来形容永不停歇反复起伏的海浪。

　　波浪通常在风力（No.18）作用下形成，它们不仅无法预测，有时还会致命且具有破坏性。风将能量转移到水体表面，使水体产生不规则的波动，即风浪。风浪会向四周扩散。如果风在水面吹的时间足够长，风浪就会增长，获得力量和速度，转变为长浪。长浪可以传播很远的距离（几千千米），且不需要风来维持。当长浪涌上岸时，根据波浪的形状，会出现几种类型的碎浪。这些改变波浪的"断裂"取决于与陆地表面相连的海床深度和坡度。然而，风并不是使波浪碰撞海岸的唯一原因，其他自然现象也会使海浪扑上岸边，如地震、火山爆发或陨石坠落。当由此引起的海浪非常高时，我们就称为潮汐波或海啸。

磁极

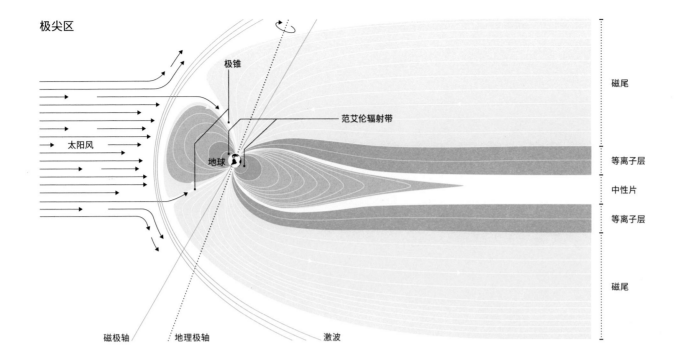

极尖区

极锥

范艾伦辐射带

太阳风

地球

磁尾

等离子层

中性片

等离子层

磁尾

磁极轴　　地理极轴　　激波

磁极移动

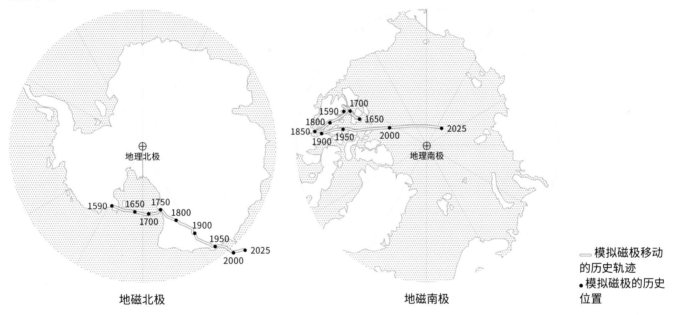

地理北极

地理南极

1590
1650　1750
1700　1800
1900
1950
2000　2025

地磁北极

1700
1590　1650
1800
1850　　2000　2025
1900　1950

地磁南极

—— 模拟磁极移动
的历史轨迹
● 模拟磁极的历史
位置

磁极逆转

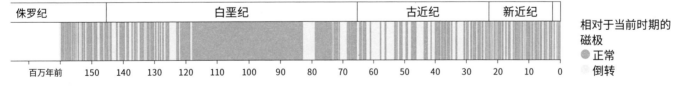

侏罗纪	白垩纪	古近纪	新近纪

百万年前　150　140　130　120　110　100　90　80　70　60　50　40　30　20　10　0

相对于当前时期的
磁极
● 正常
　倒转

　　地球的磁场就像一个盾牌，在地球周围生成一个叫"磁层"的保护罩。它位于热层上方，高度在800千米以上，能抵挡对生命有害的太阳等离子体，使其偏转。太阳风的作用会使磁层变形，让它看起来像彗星的尾巴。两极的极光是太阳等离子体带电粒子（No.51）通过极间区进入大气层的可见表现，呈现出绿光至粉红色光照亮夜空，形如船帆。

　　地球磁性的源头在地核，即地幔下面的外核。地球外核由液态铁合金构成，含有少量镍和其他轻元素，通过对流运动产生磁性。这些运动与地球的周期性冷却有关，也受地球自转的影响。它们会产生发电机效应，感应出随时间变化的磁场，磁极也随着时间的推移而移动。在几千年的时间里，某些变化甚至会导致磁极逆转，磁北极变成磁南极，反之亦然。

核试验

"争斗X"
1957年
英国

"海星一号"
1962年
美国

城堡行动"喝彩"
1954年
美国

常春藤"国王"
1952年
美国

常春藤"迈克"
1952年
美国

十字路口"贝克"
1946年
美国

"老人星"
1968年
法国

飓风行动
1952年
英国

棚屋行动
1955年
美国

2006年核试验
2006年
朝鲜

2017年核试验
2017年
朝鲜

2009年核试验
2009年
朝鲜

"三位一体"
1945年
美国

6号测试
1967年
中国

"沙皇炸弹"
1961年
苏联

596工程
1964年
中国

"微笑的佛陀"
1974年
印度

RDS-1
1949年
苏联

"夏克提一号"
1998年
印度

RDS-37
1955年
苏联

"蓝色跳鼠"
1960年
法国

查盖-I
1998年
巴基斯坦

当量（质量：百万吨）：

20 000+

10 000～20 000

1 000～10 000

100～1 000

0～100

核弹类型：

● 原子弹（裂变）
● 氢弹（聚变）

试验区：

🚢 水下
◎ 地下
♠ 大气层
▷ 外层空间

1945年，投放在日本广岛和长崎的两颗原子弹（当量分别为15 000吨TNT和21 000吨TNT）揭开了冷战期间美、苏及其同盟国之间疯狂的核武器竞赛的序幕。此后，所有拥有核武器的国家都进行了核试验，以测试其武器库，包括原子弹（核裂变）或氢弹（核聚变）。自1945年以来，仅美国、苏联、英国、法国、中国、印度、巴基斯坦和朝鲜8个国家就进行了超过2 050次核试验。这些在水下、地下或大气中进行的测试十分危险：爆炸产生的放射性尘埃对附近居民（癌症、畸形、流产等）和环境造成的影响持续至今。

1996年，联合国通过《全面禁止核试验条约》（CTBT）。中国、美国、埃及、伊朗和以色列5个特定核技术持有国已签署该条约但尚未批准；朝鲜、印度和巴基斯坦既未签署，也未批准。

黑洞

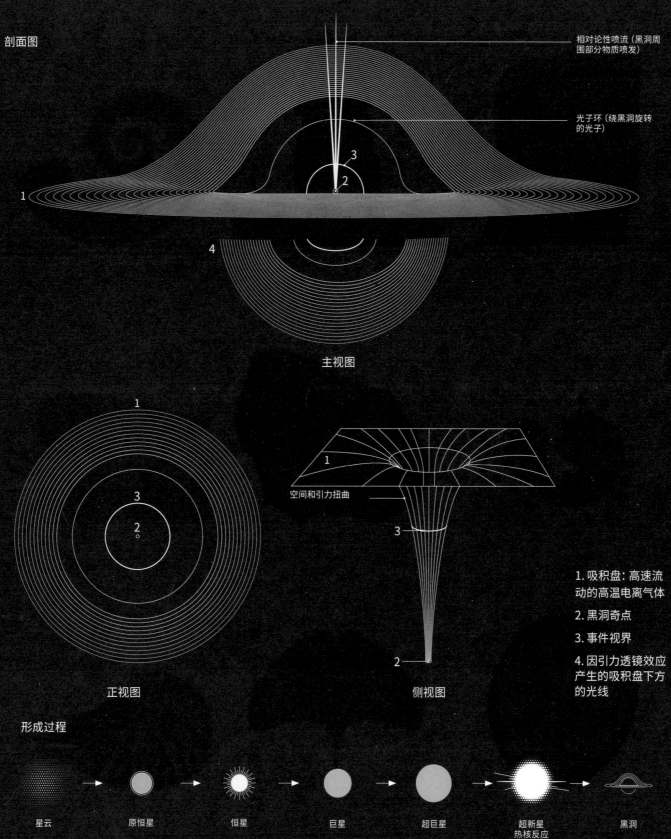

剖面图

相对论性喷流（黑洞周围部分物质喷发）

光子环（绕黑洞旋转的光子）

主视图

空间和引力扭曲

1. 吸积盘：高速流动的高温电离气体

2. 黑洞奇点

3. 事件视界

4. 因引力透镜效应产生的吸积盘下方的光线

正视图

侧视图

形成过程

星云　原恒星　恒星　巨星　超巨星　超新星热核反应　黑洞

　　隐藏着无数谜团的黑洞是一种超大质量天体，因引力彻底坍缩后形成。当质量至少为太阳8倍的巨星——超新星——发生热核反应剧烈爆炸后，在引力的作用下，天体不断向内塌陷，直至全部的质量浓缩成一个点：引力奇点。它之所以被称为奇点，是因为广义相对论的物理定律在此处不再适用，而引力又变得无限大。黑洞的球形边缘被称为"事件视界"，只能在负片上观测到。在这个视界中，光线会消失在由大量恒星组成的非常明亮的扇形区域中。环绕其周围的是吸积盘，物质在这里呈螺旋状旋转落入黑洞。黑洞分为恒星黑洞（由大质量恒星坍缩产生）和超大质量黑洞（起源不明，位于星系中心），它们的质量从太阳的几百万到几十亿倍不等。一旦被黑洞捕获，任何粒子或光都无法逃脱。

化石

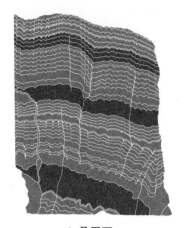

1. 叠层石

3.5 Ga[1]，皮尔巴拉（澳大利亚），
含有微量有机物

2. 莱斯沃斯石化森林

18 Ma，莱斯沃斯岛（希腊），
硅化木

3. 菊石

250 Ma，一，
贝壳化石

4. 有孔虫类

540 Ma，海底，
微化石

5. 海星石

251 Ma，欧洲，
遗迹化石

6. 亚尔科夫

20 380 年，哈塔甘达（西伯利亚），
保存在冰中的完美化石

7. 杜鹃黄蜂

99 Ma，缅甸，
昆虫嵌入琥珀中形成的树脂化石

8. 银杏叶

当代，温带，
活化石

9. 鹦鹉螺

当代，太平洋
活化石

生物体（动物或植物）死后，固体残骸上的柔软部分很快脱落，并被多层沉积物覆盖。随着时间的推移，它们通过石化过程转变成岩石。叠层石是已知最古老的化石，构成了最早的生命形式的痕迹（**1**）。森林被落下来的火山灰和泥石流冻结（**2**）。菊石的单壳贝壳是泥盆纪头足类软体动物的特征（**3**）。微化石因其大小而得名，主要存在于海底（**4**）。当化石涉及生物活动的足迹或古老痕迹时，它们被称为"遗迹化石"（**5**）。"化石"有时也泛指古代生命形式的遗迹。"完美化石"是指在冰或琥珀等材料中保存得异常完好的生物体（**6，7**）。"活化石"指仍然活着的物种，与它们的远祖相比尚未进化或进化很少，如银杏叶（**8**）或鹦鹉螺（**9**），后者的化石可追溯到寒武纪。

1　地质年代单位。1Ma=1百万年，1Ga=10亿年。——编者注

碳−14测年

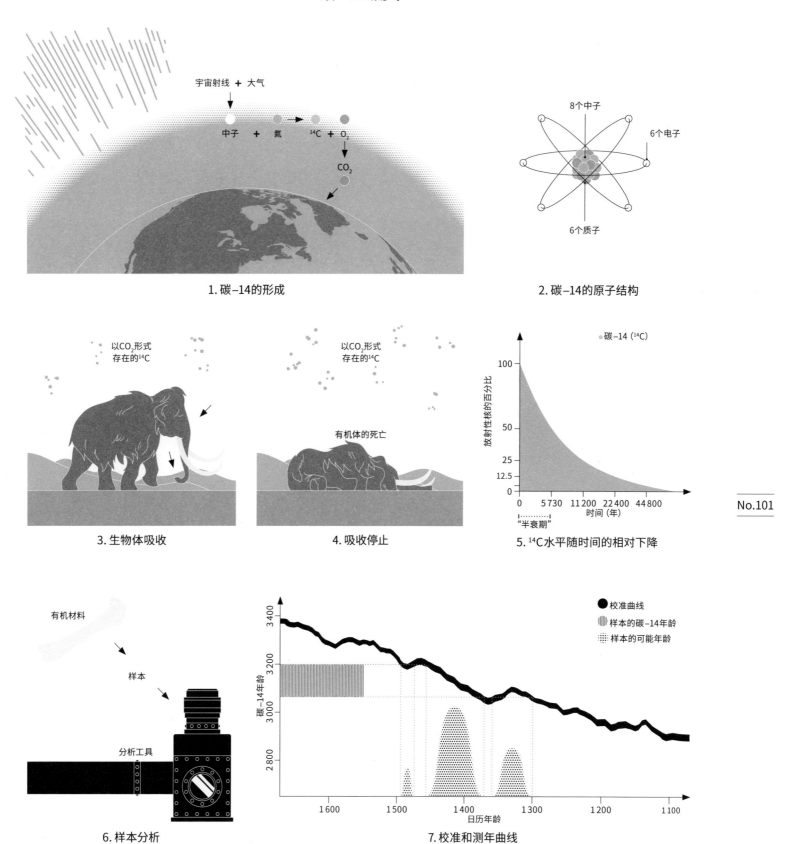

1. 碳−14的形成

2. 碳−14的原子结构

8个中子
6个电子
6个质子

以CO₂形式存在的¹⁴C

3. 生物体吸收

以CO₂形式存在的¹⁴C

有机体的死亡

4. 吸收停止

碳−14 (¹⁴C)

放射性核的百分比

100
50
25
12.5
0

0   5 730   11 200   22 400   44 800   时间（年）

"半衰期"

5. ¹⁴C水平随时间的相对下降

No.101

有机材料

样本

分析工具

6. 样本分析

● 校准曲线
▥ 样本的碳−14年龄
⸬ 样本的可能年龄

碳−14年龄

3 400
3 200
3 000
2 800

1 600   1 500   1 400   1 300   1 200   1 100

日历年龄

7. 校准和测年曲线

　　1949年，美国物理学家威拉德·弗兰克·利比（Willard Frank Libby）首次成功测定了埃及古墓中木材的年代。事实上，他刚刚发现了碳−14年代测定法。碳−14在大气中形成（**1**），是一种天然的具有放射性的碳同位素（**2**），在生物体的生命过程中被吸收（**3**）。有机物死亡后（**4**），3种有用的元素被保留：碳−12、碳−13和碳−14。碳−12和碳−13的含量保持稳定，而碳−14的含量每5 730年会减少一半，科学家称为"半衰期"，直到含量为零（**5**）。这种现象使得对测定样本的年代成为可能。研究人员使用分析工具（**6**）测量样本的放射性并确定其年代，然后利用校准和测年曲线（**7**）校正结果。利比因此获得了1960年诺贝尔化学奖，但这项技术也有一定的局限性：它只能用来测定不到50 000年的活体样本，因此不能测定矿物质的年代。

机器人简史

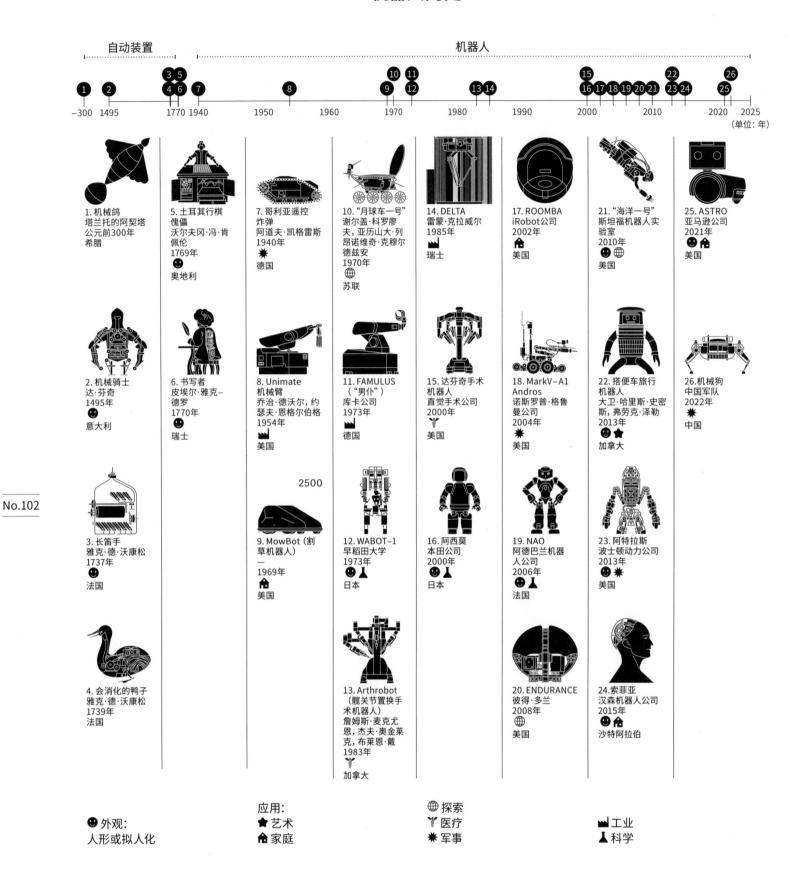

应。"我努力确保每一天都充满丰富多彩的体验,让我不断学习。"索菲亚（24）微笑着回应记者关于她日程安排的询问。她确实懂得学习,也会点头、翻白眼和做鬼脸。被设计用来陪伴老年人的女性机器人（具有女性外观的机器人）,通常是同类机器人中最聪明的一类。

要被称为"机器人",设备必须能自动执行任务并对环境做出响应。自古典时期以来的数个世纪里,人们以完全机械的方式参与设想,这类装置被称为"自动装置"。自20世纪下半叶开始,信息技术和电子技术的结合使人们能够对物体进行编程,令其独立于人类的指令行事。无论在艺术、家庭、探索、医疗、军事、工业,还是科学领域,机器人都在渐渐代替人类的工作。

如今,人工智能使物体通过模仿人类的认知能力做出反

恐怖谷

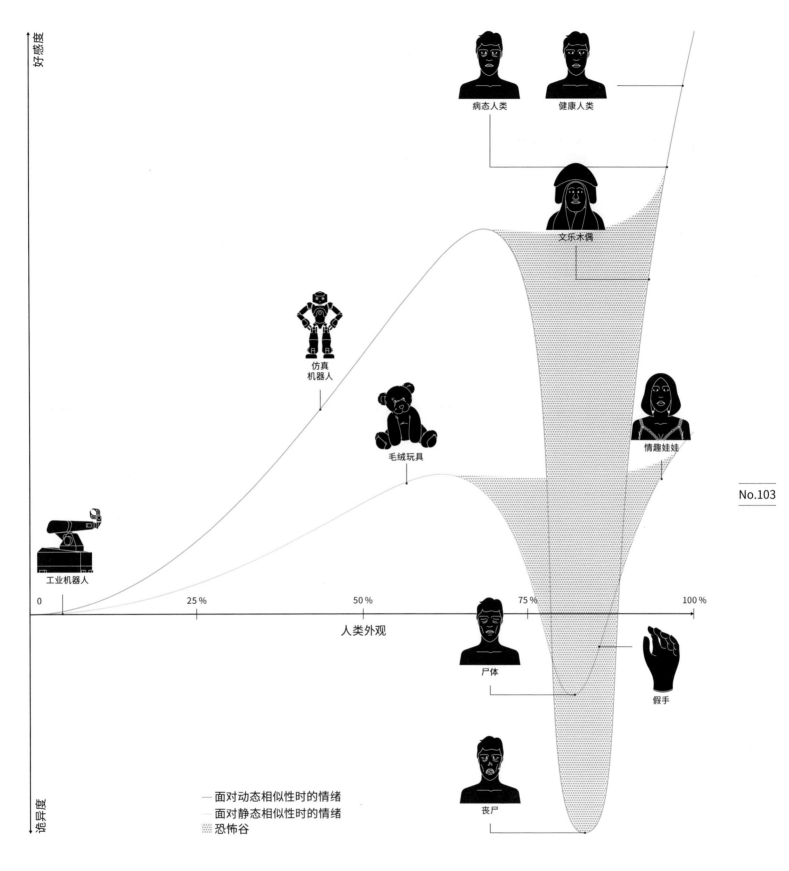

　　情趣娃娃是一种充气或硅胶娃娃，可以满足主人的生理欲望，在它们的发明地（日本）特别受欢迎。然而，在伦理或道德考量之外，它们仍令人不安。1970 年，日本机器人学家森昌弘提出了一项概念，用来描述由某些可移动物体或静态雕像（如玩偶）引起的恐惧。他认为，物体（仿真机器人、情趣娃娃等）与人类越相似，就越容易引起人的排斥心理；相似之处会破坏稳定，差异标记会引起焦虑。森昌弘指出，这些差异有的涉及人形物体的运动（它们的动作通常比人类慢），有的涉及静态物体的形态特征，如过于光滑的皮肤、没有表情的五官，或苍白的肤色。相反，工业机器人的外观并不会引起不适。图表上的曲线展现了不同物体根据其拟人程度引发的积极或消极的情绪变化，而构成的这片会引人不适的谷型区域就被称为"恐怖谷"。

地球界限

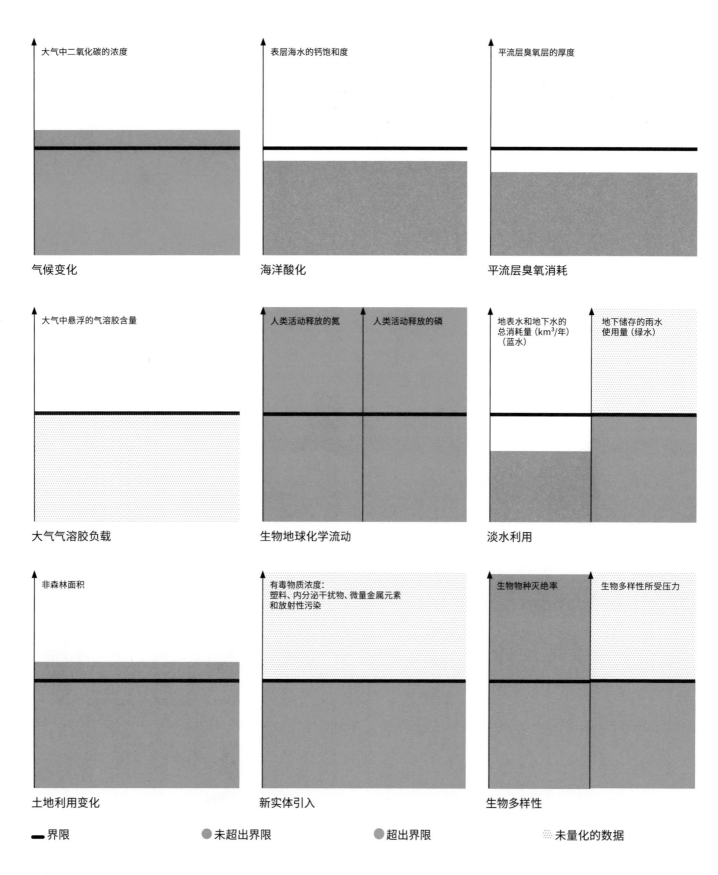

大气中二氧化碳的浓度

气候变化

表层海水的钙饱和度

海洋酸化

平流层臭氧层的厚度

平流层臭氧消耗

大气中悬浮的气溶胶含量

大气气溶胶负载

人类活动释放的氮　人类活动释放的磷

生物地球化学流动

地表水和地下水的总消耗量（km³/年）（蓝水）　地下储存的雨水使用量（绿水）

淡水利用

非森林面积

土地利用变化

有毒物质浓度：塑料、内分泌干扰物、微量金属元素和放射性污染

新实体引入

生物物种灭绝率　生物多样性所受压力

生物多样性

━ 界限　　●未超出界限　　●超出界限　　⫶⫶未量化的数据

"地球界限"是由一些科学家定义的一个框架，确定了人类不得超出的9大极限，否则会危及人类在安全的、功能齐全的、保障其生存的生态系统中的发展。2009年，一个由26名研究人员组成的国际小组列出了界限清单，并为每一种界限设定了阈值。一旦超过，人类将无法避免也无法预测环境的变化，由此引发的灾难性后果可能会永久破坏生物圈的稳定。

2022年，9大界限中的5个已经被超出，涉及气候变化、生物地球化学流动（氮和磷）、土地利用变化、新实体引入造成的污染以及生物多样性的侵蚀。科学家坚信，如果人类继续大规模地超越与全球变暖和生物多样性侵蚀有关的界限，我们的星球将会陷入一种对生命尤为不利的"新状态"。

人类极限

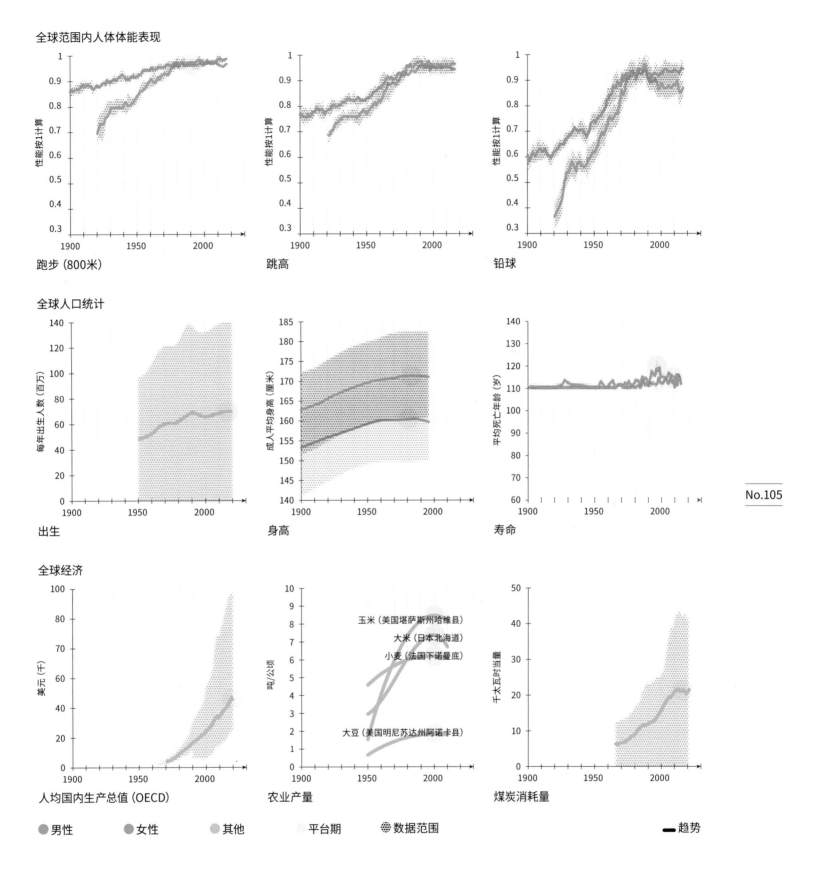

全球范围内人体体能表现

性能按1计算

跑步（800米） 跳高 铅球

全球人口统计

每年出生人数（百万） 成人平均身高（厘米） 平均死亡年龄（岁）

出生 身高 寿命

全球经济

美元（千） 吨/公顷 千太瓦时当量

玉米（美国堪萨斯州哈维县）
大米（日本北海道）
小麦（法国下诺曼底）

大豆（美国明尼苏达州阿诺卡县）

人均国内生产总值（OECD） 农业产量 煤炭消耗量

● 男性　　● 女性　　● 其他　　　平台期　　※数据范围　　　　　　━趋势

　　"人类能适应自己吗？"（*L'HOMME PEUT-IL S'ADAPTER À LUI-MÊME?*）生理学教授让－弗朗索瓦·杜桑（Jean-François Toussaint）在 2012 年出版的一部合著中提出了这个问题，并以此为该作品命名。

　　人类生长曲线表明，人类在生命最初几年会强劲生长，到了成年期趋于平稳，最后在老年期衰落。他将这条曲线称为"个体潜力"，"物种潜力"则是所有个体潜力的集合。在人口学（出生人数、寿命等）、人体体能表现（尤其是体育

纪录）甚至经济学等研究领域，有些数值会呈现出类似的趋势：一开始强劲增长，接着进入平稳状态——呈指数级增长之后会伴随一个"渐近"阶段。以此预测未来的发展趋势会让我们产生疑问：我们能在 1 分 30 秒内跑完 800 米吗？我们能活到 200 岁吗？经济合作与发展组织（OECD）国家的人均 GDP 会达到 8 万美元吗？特别是人类活动已经对整个生态系统中的动、植物产生了持久的影响，我们正在面临着打破地球界限（No.104）的挑战。

深潜

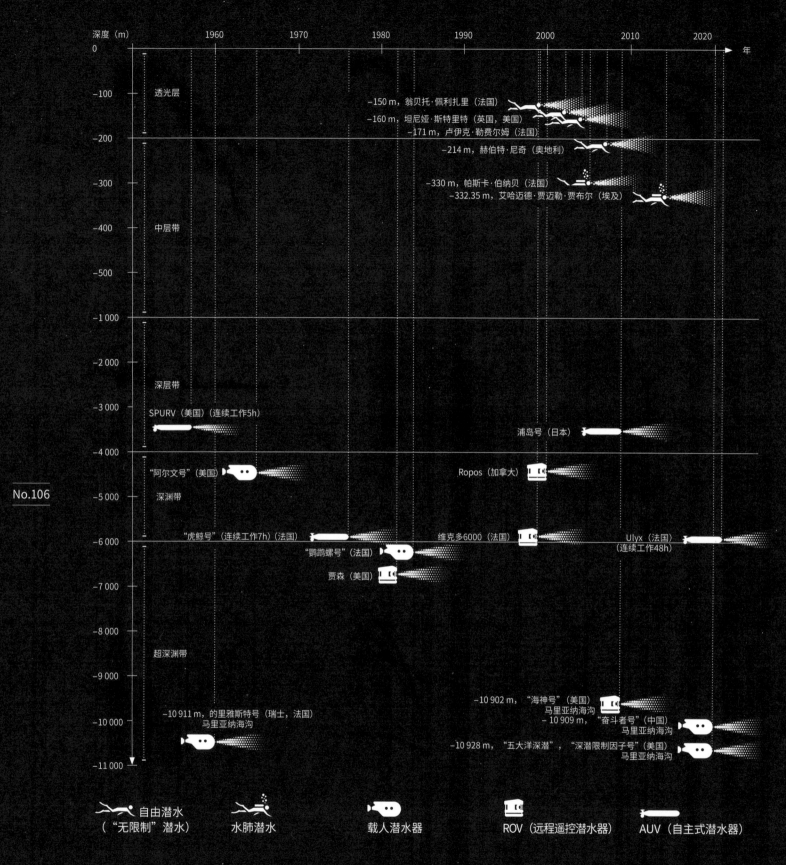

No.106

图例:
- 自由潜水（"无限制"潜水）
- 水肺潜水
- 载人潜水器
- ROV（远程遥控潜水器）
- AUV（自主式潜水器）

图中标注：

深度（m）　年

透光层

-150 m，翁贝托·佩利扎里（法国）
-160 m，坦尼娅·斯特里特（英国，美国）
-171 m，卢伊克·勒费尔姆（法国）

-214 m，赫伯特·尼奇（奥地利）

-330 m，帕斯卡·伯纳贝（法国）
-332.35 m，艾哈迈德·贾迈勒·贾布尔（埃及）

中层带

深层带

SPURV（美国）（连续工作5h）
浦岛号（日本）

"阿尔文号"（美国）
Ropos（加拿大）

深渊带

"虎鲸号"（连续工作7h）（法国）
维克多6000（法国）
Ulyx（法国）（连续工作48h）
"鹦鹉螺号"（法国）
贾森（美国）

超深渊带

-10 902 m，"海神号"（美国）马里亚纳海沟
-10 911 m，的里雅斯特号（瑞士，法国）马里亚纳海沟
-10 909 m，"奋斗者号"（中国）马里亚纳海沟
-10 928 m，"五大洋深潜"，"深潜限制因子号"（美国）马里亚纳海沟

　深海是地球上鲜少被探索的区域，因为同火星上的漫游车建立通信相比，与深海中的机器建立通信更加困难。然而，最早的潜水活动至少可以追溯到7000年前。此后，技术的进步使人类能够不断突破下潜深度的极限：1839年，詹姆斯·艾略特（James Elliot）和亚历山大·麦卡维提（Alexander McAvity）提出了水肺潜水；1863年，法国海军配备载人潜艇；1943年，雅克－伊夫·库斯托（Jacques-Yves Cousteau）设计了水肺潜水服；1957年，斯坦·墨菲

（Stan Murphy）和鲍勃·佛朗索瓦（Bob Francois）发明了自主式潜水器；1985年，罗伯特·巴拉德（Robert Ballard）发明了远程遥控潜水器。深海探索分为科技探索和研究探索，前者旨在展示设备的材料性能，后者则要收集大量用于描述深海环境的数据。在远程遥控潜水器的辅助下，人类能够远程参与采样、进行肉眼观察，使科学研究探索取得了令人瞩目的进步。尽管如此，因为水压会对人体造成影响，自由潜水（"无限制"潜水）现已成为一项极限运动。

摩天大楼

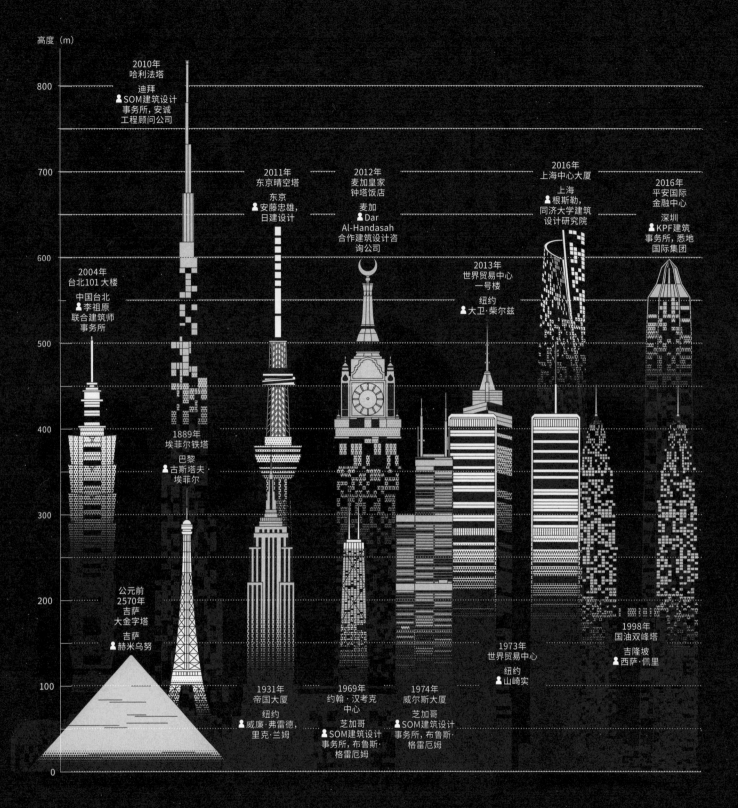

高度（m）

800

700

600

500

400

300

200

100

0

2010年
哈利法塔

迪拜
👤SOM建筑设计
事务所，安诚
工程顾问公司

2011年
东京晴空塔

东京
👤安藤忠雄，
日建设计

2012年
麦加皇家
钟塔饭店

麦加
👤Dar
Al-Handasah
合作建筑设计咨
询公司

2016年
上海中心大厦

上海
👤根斯勒，
同济大学建筑
设计研究院

2016年
平安国际
金融中心

深圳
👤KPF建筑
事务所，悉地
国际集团

2004年
台北101大楼

中国台北
👤李祖原
联合建筑师
事务所

2013年
世界贸易中心
一号楼

纽约
👤大卫·柴尔兹

1889年
埃菲尔铁塔

巴黎
👤古斯塔夫·
埃菲尔

公元前
2570年
吉萨
大金字塔

吉萨
👤赫米乌努

1973年
世界贸易中心

纽约
👤山崎实

1998年
国油双峰塔

吉隆坡
👤西萨·佩里

1931年
帝国大厦

纽约
👤威廉·弗雷德，
里克·兰姆

1969年
约翰·汉考克
中心

芝加哥
👤SOM建筑设计
事务所，布鲁斯·
格雷厄姆

1974年
威尔斯大厦

芝加哥
👤SOM建筑设计
事务所，布鲁斯·
格雷厄姆

👤建筑师

吉萨高地上的胡夫金字塔（No.23）以其136.5米的高度睥睨世界——被磨损后的高度，原高146.59米。直到约4400年后，修建于1887年的埃菲尔铁塔取代了它的位置，324米高的铁塔使人类离太阳又近了一步。1871年芝加哥大火后，美国诞生了世界上第一批高塔建筑，高度均在百米左右。自那时起，建筑技术不断发展，建筑材料的性能（特别是抗风能力）不断提升，高楼项目接踵而至，不断刷新着纪录。

摩天大楼的结构主要分为三类：如由一个中央核心筒和外部金属框架构成的世界贸易中心、外部框架结构呈三角形的约翰·汉考克中心，以及同样位于芝加哥的威尔斯大厦，在基底建造几座薄塔，可以增强地面的稳定性。沙特阿拉伯在建的吉达塔项目预计高1 000米，外形呈三角状。该项目建成后将以172米的高度差超过迪拜哈利法塔在2010年创下的纪录。

大数据

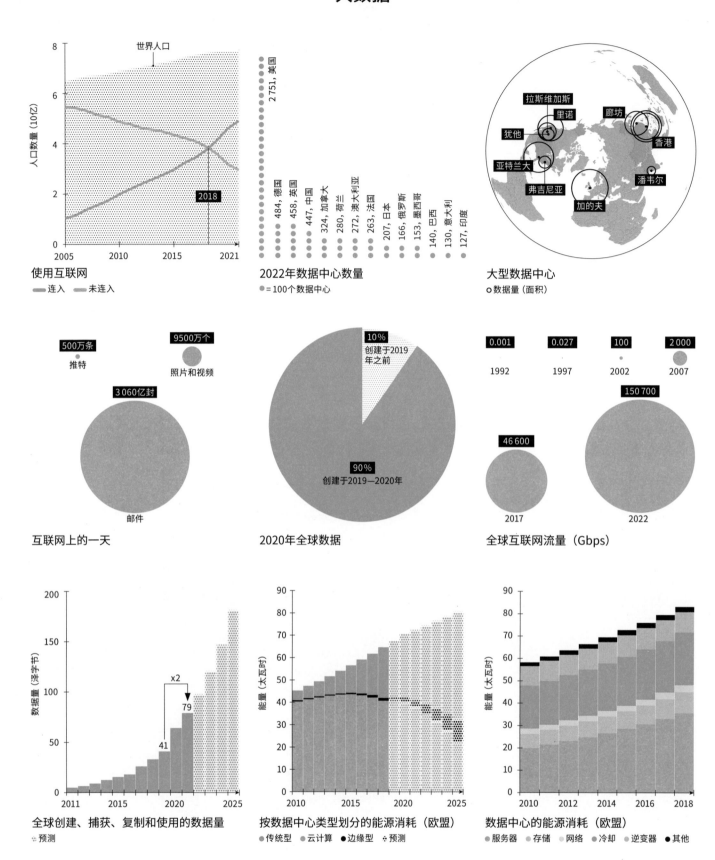

世界人口

人口数量（10亿）

2018

2005　2010　2015　2021

使用互联网
— 连入　— 未连入

2 751，美国

484，德国
458，英国
447，中国
324，加拿大
280，荷兰
272，澳大利亚
263，法国
207，日本
166，俄罗斯
153，墨西哥
140，巴西
130，意大利
127，印度

2022年数据中心数量
● = 100个数据中心

拉斯维加斯　里诺　廊坊
犹他　　　　　　　香港
亚特兰大　　　　潘韦尔
弗吉尼亚　加的夫

大型数据中心
○ 数据量（面积）

500万条
推特

9500万个
照片和视频

3 060亿封
邮件

互联网上的一天

10%
创建于2019年之前

90%
创建于2019—2020年

2020年全球数据

0.001　0.027　100　2 000
1992　1997　2002　2007

46 600　　150 700
2017　　　2022

全球互联网流量（Gbps）

200

150

100　　　×2
　　　　　　79
50　　41

2011　2015　2020　2025

数据量（泽字节）

全球创建、捕获、复制和使用的数据量
⋮ 预测

90
80
70
60
50
40
30
20
10
0
2010　2015　2020　2025

能量（太瓦时）

按数据中心类型划分的能源消耗（欧盟）
● 传统型　● 云计算　● 边缘型　⋮ 预测

90
80
70
60
50
40
30
20
10
0
2010　2012　2014　2016　2018

能量（太瓦时）

数据中心的能源消耗（欧盟）
● 服务器　● 存储　● 网络　● 冷却　● 逆变器　● 其他

　　2021年，社交网络、媒体、开放数据、网络、私人和公共数据库、商业或科学数据库通过全球120亿个互联对象在互联网上生成了不少于79泽字节（79万亿千兆字节）的数据，是2019年的两倍、2025年预测数据量的一半。"大数据"指互联网产生的大量性质复杂的数据集合，它们数量庞大且不断增长，需要更强大的计算能力对其进行分析和拣选。数据中心是存储大数据的物理建筑群，平均占地面积超过10万平方米，配有周密的安防措施。这些基础设施消耗大量能源，占全球电力能耗的2% ～ 4%，二氧化碳排放量与航空运输的排放量相当。

　　作为未来几年信息技术的一大关键挑战，大数据被视为该领域的重点研究对象。不断发展的人工智能已使探索和处理海量数据成为可能。

章鱼的智慧

剖面图

毒腺: 毒液可以麻痹猎物, 使肉从甲壳上剥离。

虹吸管: 推进装置, 用于排出粪便和墨汁, 也可以喷水来扰乱捕食者或移动沙子。

色素细胞: 含有色素的小袋子, 它们形成一个静止点, 拉伸以散布颜料, 从而实现颜色变化。

触腕上的神经纤维: 将传递信息的神经节相互连接起来, 允许执行复杂的动作。

味蕾

复眼

大脑

❶

❷

❺

❹

❸

胃

消化腺

生殖腺

墨囊

体心脏

肾

鳃心脏

鳃栉

喙

触腕

吸盘

神经节

No.109

行为

石头

❸ ✳ 🛡
迷彩伪装

贝壳

🛡
筑造"堡垒"

毒液

❶❺ ✳
注射毒液

❹ ✳
探索和理解

✳ 攻击　　🛡 防御　　❶ 使用器官

维克多·雨果在《海上劳工》中写道: "这些动物是鬼魂, 同时也是怪物。"这种软体动物借助8条布满吸盘的触腕和用来推进的虹吸管在海底移动。

章鱼又称八爪鱼, 因为能在不被觉察的情况下逃走也被称为"逃生女王"。几个世纪以来, 章鱼不仅凝聚了人们的想象, 更激发了水手和科学家的兴趣。它们头脑聪明、行动灵活, 用喙喷射毒液, 是可怕的掠食者。除了2颗(或3颗)心脏外, 这些头足类动物最宝贵的财富无疑是5亿个分布在大脑和触腕之间的神经元! 这种特性使它们能够观察、学习、传递信息, 尤其是记忆信息。因此, 根据攻击或防御的需要, 章鱼或能拧开罐子进入其中探索一番, 或可在贝壳中寻找庇护所, 甚至可以通过模仿环境和改变色素沉着来伪装自己……于科学哲学家彼得·戈弗雷-史密斯(Peter Godfrey-Smith)而言, 章鱼是"最有可能与外星智慧生物相遇的生物"。

轮作

1.绿肥作物

豆类，草

土地建设阶段，提高肥力

2.高要求作物

叶菜类蔬菜

摄入氮和有机物

3.低要求作物

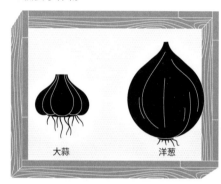

球根类植物

根系和养分需求的变化

4.不好吃的作物

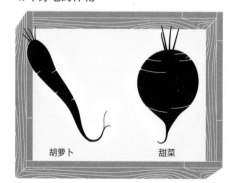

根茎类蔬菜

根系和养分需求的变化，软土深入

5.好吃的作物

瓜茄类蔬菜

大量堆肥

6.清洁作物

遏制杂草

限制竞争植物的发育

轮作是指在同一块土地上分阶段种植不同的作物，周期呈规律性。这种种植方式自中世纪以来就已存在，直到19世纪，以机械化（伴随着收割机的出现）以及化肥、杀虫剂等化学品的使用为标志的单一种植出现，轮作才被取代。然而，由于轮作可以改善土壤结构和生物活性，并有助于抑制杂草，因此近几十年来，轮作被重新引入，成为可持续农业的一部分。

根据土壤的性质和需求，农民可以采用多种轮作体系和不同的循环周期。以蔬菜种植为例，我们可以选择以6年为一个周期，从绿肥作物开始，使土壤肥沃，以便在接下来的两年内种植对氮要求较高的作物，之后种植如球根类等对氮要求低的作物。然后，我们交替种植根茎类蔬菜和瓜茄类蔬菜，最后以清洁作物结束一个种植周期，除去土地上的杂草。

根系

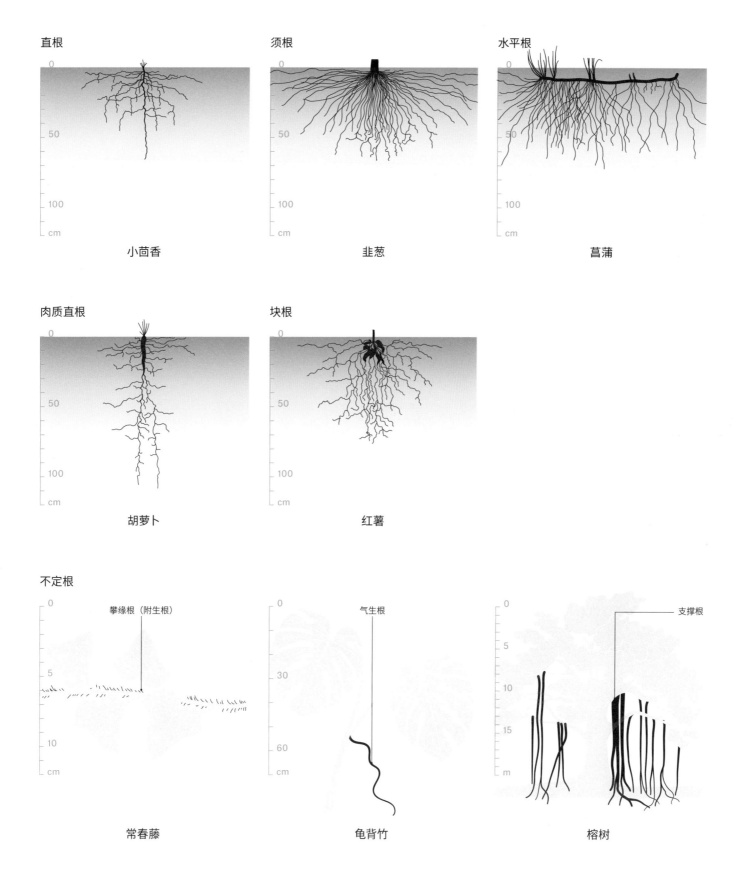

直根
0
50
100
cm
小茴香

须根
0
50
100
cm
韭葱

水平根
0
50
100
cm
菖蒲

肉质直根
0
50
100
cm
胡萝卜

块根
0
50
100
cm
红薯

不定根

攀缘根（附生根）
0
5
10
cm
常春藤

气生根
0
30
60
cm
龟背竹

支撑根
0
5
10
15
m
榕树

　　根是植物的重要器官，它使植物附着在土壤中，并从中汲取维持生存不可或缺的养分和水分。许多植物的根与真菌关系密切，它们通过一种名为"菌根共生"的互惠机制（No.67）联系在一起：植物将产生的糖提供给真菌，真菌则向植物提供水和矿物质。

　　植物的根系种类繁多，通常取决于物种和土壤的性质：当侧根围绕垂直扎在土壤中的主根生长时，这种根系被称为直根；若根都从同一个点向外扩散生长，就会发展成须根；水平生长的根则被称为水平根。较膨大的根系可以贮存大量营养物质，根据形态可分为肉质直根和块根。此外，不定根是植物的茎或叶上所发生的根。以常春藤为例，它们长着使其能够攀附在支撑物上的攀缘根；如果长在地面之上，这些根就会变成气生根；若用来帮助巩固或支撑树干，这些根就会长成板状根或支撑根。

气候迁徙

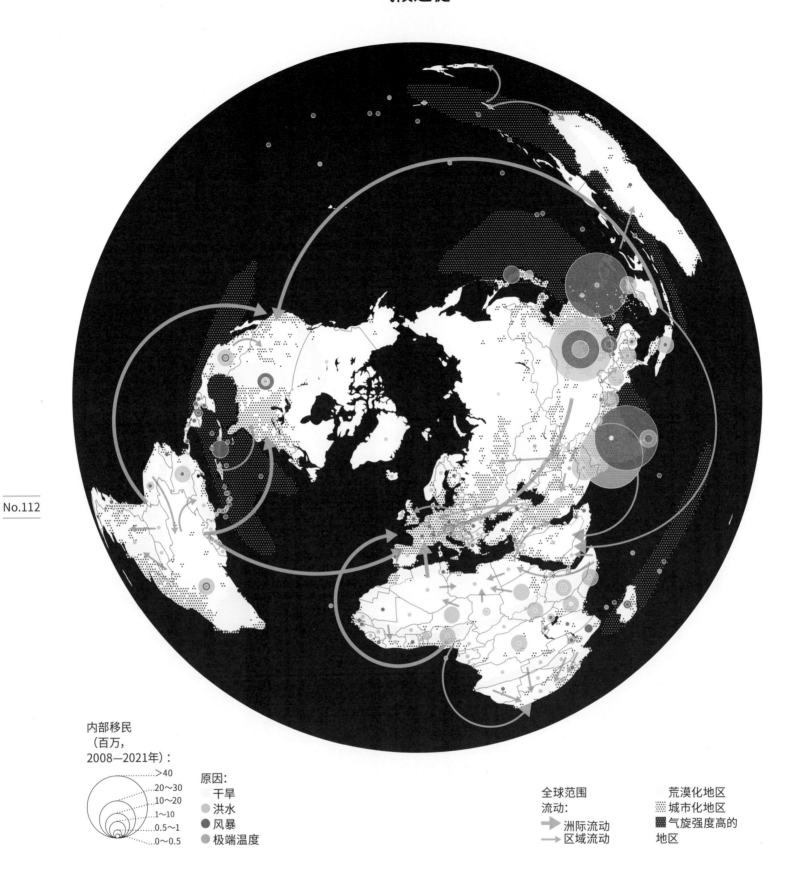

内部移民
（百万，
2008—2021年）：
- >40
- 20~30
- 10~20
- 1~10
- 0.5~1
- 0~0.5

原因：
- 干旱
- 洪水
- 风暴
- 极端温度

全球范围
流动：
→ 洲际流动
→ 区域流动

- 荒漠化地区
- 城市化地区
- 气旋强度高的
  地区

1995年，牛津大学研究员诺曼·迈尔斯 (Norman Myers) 预测："2050年，气候难民将达2亿人。"我们可以将这一数字与3.05亿内部移民（在同一国家内）作比较，2008年至2021年的极端环境事件令这些人流离失所（内部流动监测中心的数据）。这些灾害可能是洪水、风暴、极端气温或干旱，有时与人类活动和全球变暖间接相关。

地理学家伯纳黛特·梅莱讷·舒梅克（Bernadette Mérenne Schoumaker）认为："气候迁徙只是环境迁徙的一部分，后者指由环境剧变（地震、火山爆发或土壤侵蚀等地球物理事件）引起的人口流动。"由于此类人口流动在未来几十年内将呈增长趋势，负责这一议题的相关国际组织呼吁承认环境难民的法律地位。

群体行为

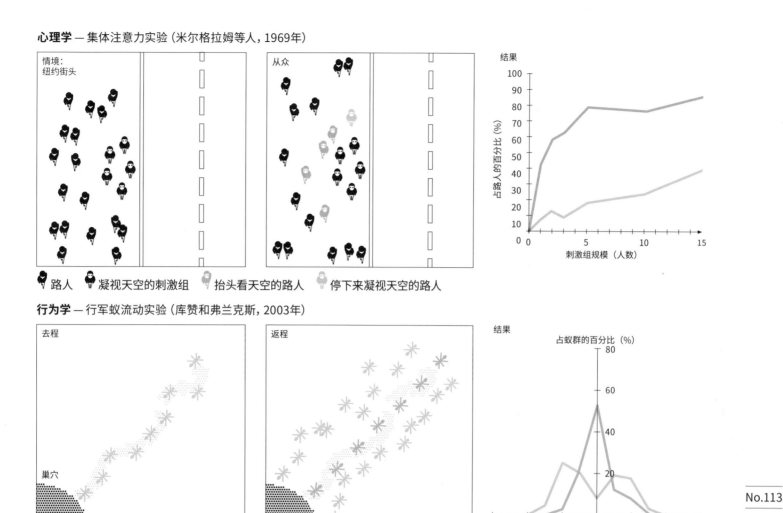

心理学 — 集体注意力实验 (米尔格拉姆等人，1969年)

情境：
纽约街头

从众

结果

占路人的百分比 (%)

刺激组规模 (人数)

🖤 路人　🐑 凝视天空的刺激组　🐑 抬头看天空的路人　🐑 停下来凝视天空的路人

行为学 — 行军蚁流动实验 (库赞和弗兰克斯，2003年)

去程

返程

巢穴

结果

占蚁群的百分比 (%)

距路径中心的距离 (cm)

✳ 离开巢穴的流量　✳ 进入巢穴的流量　⋯ 信息素　✳ 食物

物理学 — "欲速则不达"效应实验 (加尔西马丁等人，2014年，基于赫尔宾等人2000年的实验)

疏散演练装置

开口
(75cm)

两次疏散

结果：
平均每人通过时间

每人约0.3秒

拥塞效应

每人约0.4秒

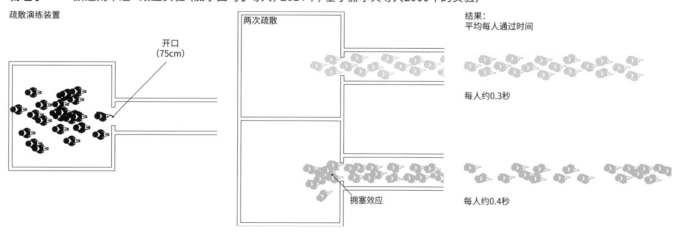

🖤 竞争微弱　🖤 竞争激烈　　摄影记录

　　群体是一个基于自组织原则的复杂系统，鱼群或蚂蚁群也遵循类似的原则：一个个体带领其他个体或避开障碍物将改变群体的结构。不同领域的学者都开展过类似的实验。在心理学中，斯坦利·米尔格拉姆 (Stanley Milgram) 研究表明，当刺激组的5人凝视天空时，预测人群中会有4名路人跟着抬头看天，还有一个人会停下来凝视天空。传染效应的强度取决于刺激群体的规模。通过观察布氏游蚁的运动，动物行为学家注意到进出蚁巢流量的空间分布：带着食物返回的蚂蚁会选择最短的回巢路线。在物理学中，"欲速则不达" ("快即慢") 效应可以用来评估从小门疏散群体的两种策略的影响。激烈的竞争将增加疏散时间，不受控制的人群流动引发的踩踏事件会造成致命的后果。

地球的生物地理演化

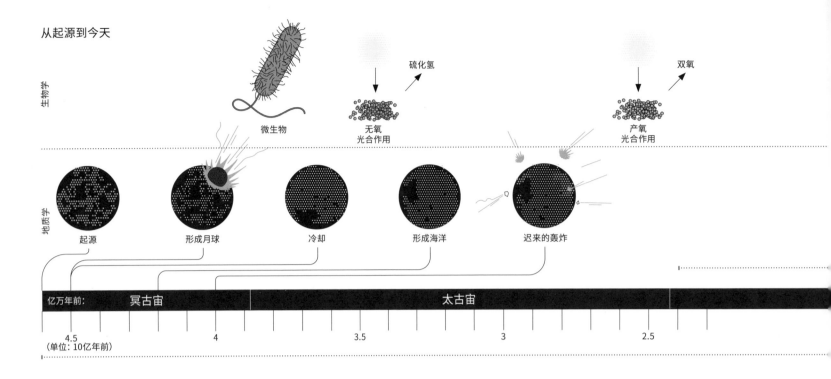

从起源到今天

生物学

微生物　　无氧光合作用 → 硫化氢　　产氧光合作用 → 双氧

地质学

起源　　形成月球　　冷却　　形成海洋　　迟来的轰炸

亿万年前：	冥古宙		太古宙	

4.5
（单位：10亿年前）　　4　　3.5　　3　　2.5

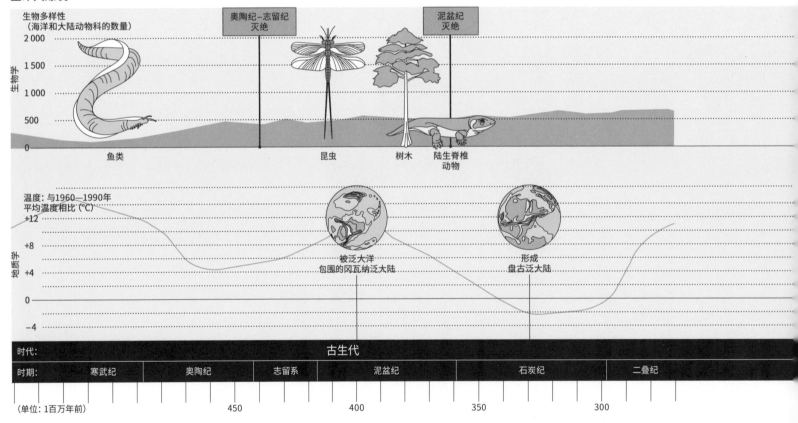

生命大爆发

生物多样性
（海洋和大陆动物科的数量）

奥陶纪-志留纪灭绝　　泥盆纪灭绝

生物学

2 000
1 500
1 000
500
0

鱼类　　昆虫　　树木　　陆生脊椎动物

温度：与1960—1990年平均温度相比（℃）

地质学

+12
+8
+4
0
-4

被泛大洋包围的冈瓦纳泛大陆　　形成盘古泛大陆

时代：	古生代					
时期：	寒武纪	奥陶纪	志留系	泥盆纪	石炭纪	二叠纪

（单位：1百万年前）　　450　　400　　350　　300

No.114

地球诞生于46亿年前，彼时太阳还是一颗年轻的恒星，亮度仅为当前强度的70%。地球经历了许多转变，才呈现出今天的面貌：一颗拥有生命的蓝色星球。

地球的历史主要分为四大时期。冥古宙期间，一颗原行星撞击地球，地轴倾斜，月球诞生，这颗卫星负责维持地球的气候稳定并引发潮汐。在冰期和非冰期的交替下，地球上的气体成分、大气温度和海洋温度发生改变，这种演变贯穿整个太古宙和元古宙。接着板块构造运动的出现创造了一个

名为罗迪尼亚的泛大陆，在大约7.5亿年前分裂成若干块。我们将这前三个纪元统称为前寒武纪。最新纪元——显生宙意为"看得见生物的年代"，寒武纪生命大爆发为其拉开序幕，随后出现了各种各样的生物。从那时起，生物迅速多样化，形成了日益复杂的生态系统，尽管其间夹杂着一些大规模灭绝事件。

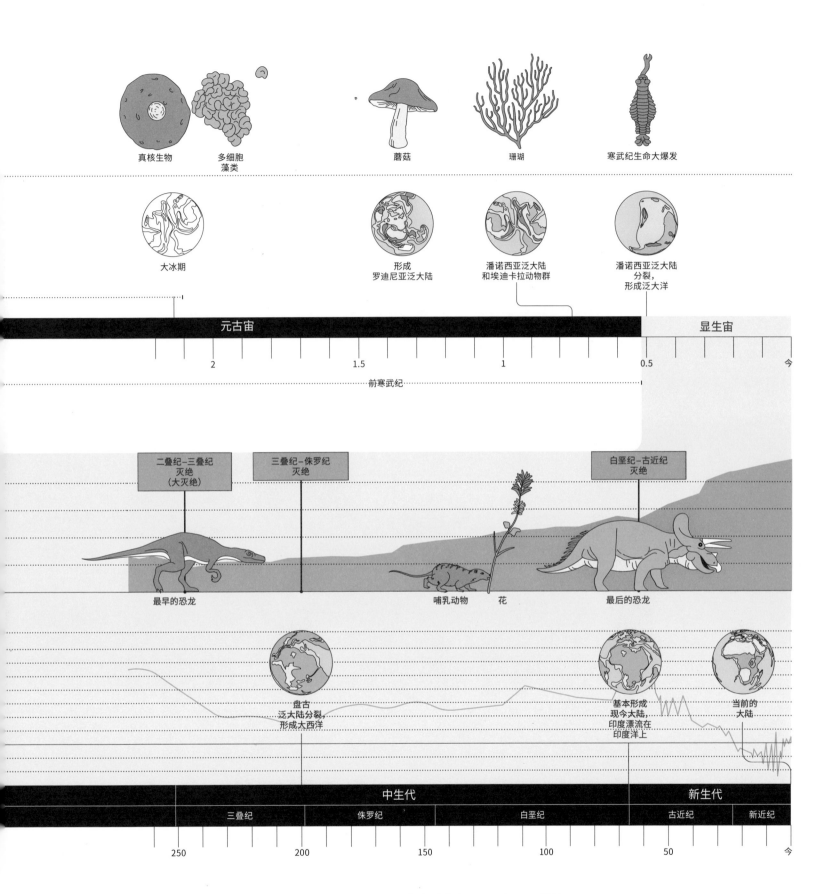

真核生物　多细胞藻类　蘑菇　珊瑚　寒武纪生命大爆发

大冰期　形成罗迪尼亚泛大陆　潘诺西亚泛大陆和埃迪卡拉动物群　潘诺西亚泛大陆分裂，形成泛大洋

元古宙　显生宙

2　1.5　1　0.5　今

前寒武纪

二叠纪–三叠纪灭绝（大灭绝）　三叠纪–侏罗纪灭绝　白垩纪–古近纪灭绝

最早的恐龙　哺乳动物　花　最后的恐龙

盘古泛大陆分裂，形成大西洋　基本形成现今大陆，印度漂流在印度洋上　当前的大陆

中生代　新生代

三叠纪　侏罗纪　白垩纪　古近纪　新近纪

250　200　150　100　50　今

"我所谈论的是来自地球诞生之初的石头……它们有时来自另一颗恒星，带着空间的扭曲，一如剧烈的坠落烙下的痕迹。这些石头来自人类之前和人类之后，并没有在它们身上打下人类艺术或工业的印记……它们只是延续自己的记忆。

"我所谈论的是比生命更古老的石头，在生命终结后，它们仍然驻留在冷却的行星上，当时它有幸在那里生长。我所谈论的是那些甚至不必等待死亡的石头，它们什么也不做，只让沙子或大雨，海浪或风暴以及时间，滑过它们的表面。"

——罗歇·凯卢瓦，《石之书》（Pierres），1966年。

捕蝇草

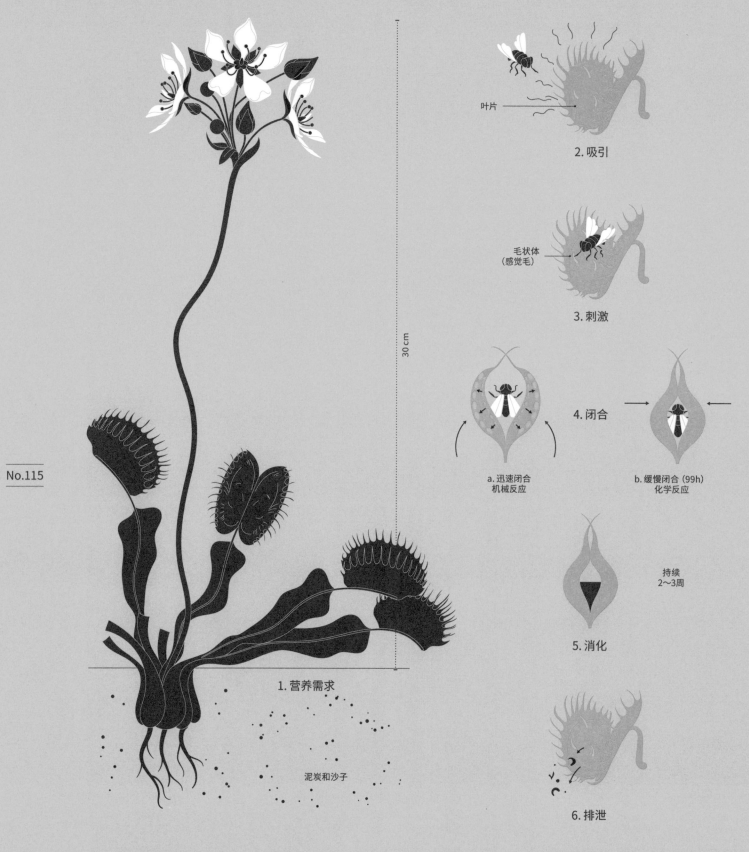

No.115

叶片 ——

2. 吸引

毛状体
(感觉毛) ——

3. 刺激

4. 闭合

a. 迅速闭合
机械反应

b. 缓慢闭合 (99h)
化学反应

持续
2～3周

5. 消化

6. 排泄

30 cm

1. 营养需求

泥炭和沙子

　　捕蝇草虽然体形不起眼（平均高25厘米），但查尔斯·达尔文将它描述为"世界上最奇妙的植物之一"。它的下颌状叶片不仅带有锋利的牙齿，还具有令人着迷的闭合机制。作为世界上被种植最多的食肉植物，捕蝇草的名声经久不衰。野生捕蝇草的生存条件恶劣，它们生长在北美缺乏有机质的沙质土壤或泥炭沼泽中——植被覆盖水面形成的水生湿地。捕蝇草需要捕食昆虫来补充营养 **(1)**。它们位于叶缘上的腺体会分泌富含碳水的花蜜，花蜜会引来昆虫 **(2)**。当毛状体（叶片内部的感觉毛）受到刺激后，捕虫陷阱就会将猎物困住 **(3)**。被囚禁的昆虫挣扎得越厉害，捕蝇草的闭合力就越强 **(4)**。接着，捕蝇草分泌酸性液体，吸收所需的营养物质 **(5)**。待14至21天的消化过程彻底结束后，捕蝇草的叶片将重新张开，排出昆虫的外骨骼 **(6)**。

木乃伊

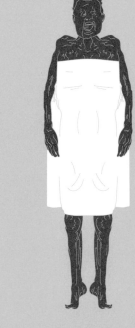

1. 奥茨
🔍 1991年　⚰️ 公元前3300年
📍 奥茨塔尔阿尔卑斯山, 奥地利/意大利

2. 罗萨莉娅·隆巴尔多
🔍 1920年　⚰️ 1920年
📍 巴勒莫, 意大利

3. 辛追
🔍 1972年　⚰️ 公元前168年
📍 湖南, 中国

4. 胡安妮塔
🔍 1995年　⚰️ 16世纪
📍 阿雷基帕, 秘鲁

5. 庞贝
🔍 18世纪　⚰️ 79年
📍 庞贝古城, 意大利

6. 图伦男子
🔍 1950年　⚰️ 公元前375年—前210年
📍 丹麦

7. 塞提一世
🔍 1817年　⚰️ 公元前1279年
📍 帝王谷, 埃及

8. 法伦的木乃伊
🔍 1940年　⚰️ 9430年前
📍 内华达洲, 美国

　　无论是天然形成，还是用防腐技术保存而成，木乃伊隐藏着跨越时代的秘密，令人着迷。**1.** 5300多年前，奥茨因头部中箭而亡。**2.** 不满2岁的罗萨莉娅因肺炎去世，她的尸体由著名的阿尔弗雷多·萨拉菲亚（Alfredo Salafia）博士进行了防腐处理。**3.** 辛追也被叫作"戴夫人"，是一位家境殷实的丞相夫人，去世时仅50岁。人们在一座用黏土密封的坟墓中发现了她的遗体，保存完好。**4.** 印加少女胡安妮塔沉睡在安帕托峰顶。附近的萨班卡亚火山喷发使冰层融化，她的尸体才被人发现，仍保持着胎儿的姿势。**5.** 在庞贝古城发现千余具被火山灰和熔岩石化的尸体。**6.** 这位被吊起的图伦男子在酸沼中被天然木乃伊化。**7.** 塞提一世被制成木乃伊时，正是埃及尸体防腐技术的巅峰时期。**8.** 法伦的木乃伊被包裹在编织垫中，是北美地区发现的最古老的木乃伊。

多年冻土

多年冻土土壤　　　　　　　　　　　　　　　　多年冻土融化

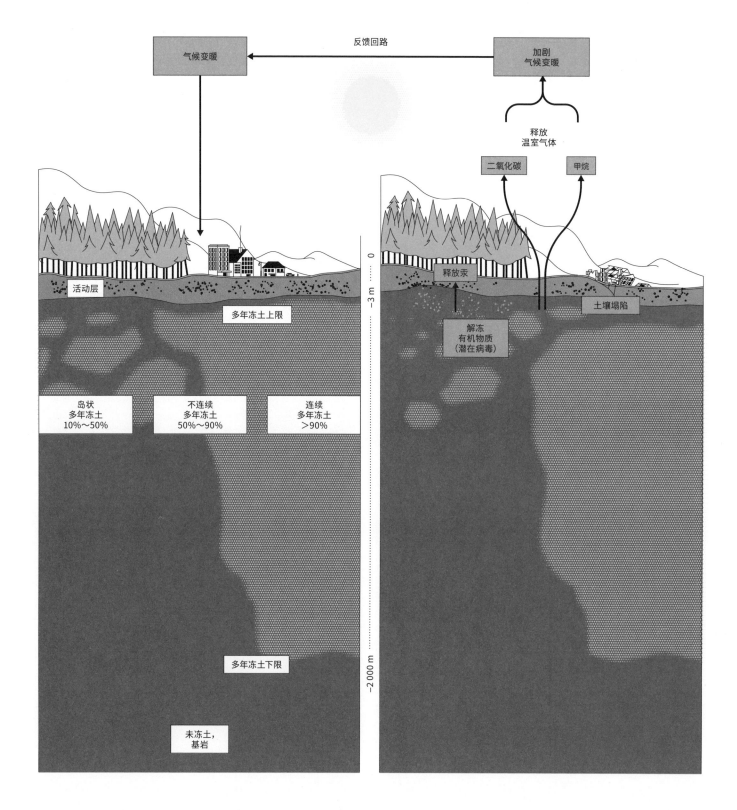

No.117

多年冻土指温度低于0℃、连续存在两年及以上的含有各种物质的岩石或土壤，约占陆地表面积的20%。极地多年冻土位于格陵兰岛、阿拉斯加、加拿大以及俄罗斯的西伯利亚等高纬度地区。高山多年冻土指位于地球某些高海拔地区下方的多年冻土，这类土壤可达2 000米深，上层为"活动层"，每年夏天都会融化10厘米至3米的厚度。深度处于10米以下时，多年冻土不会融化，但会受温度和状态的变化，形成不连续多年冻土、连续多年冻土或岛状多年冻土。受气

候变暖影响，预计到2100年，90%的多年冻土可能会融化。多年冻土融化将释放温室气体，形成增强气候变化的反馈回路，从而加剧气候变暖。此外，这些过去一直冻结的土壤会持续软化下去，直至某些地方塌陷。冻土融化还存在释放有毒物质（如被困在冰中的汞和古老病毒）的隐患，引发了人们对流行病传播的担忧。

冰晶

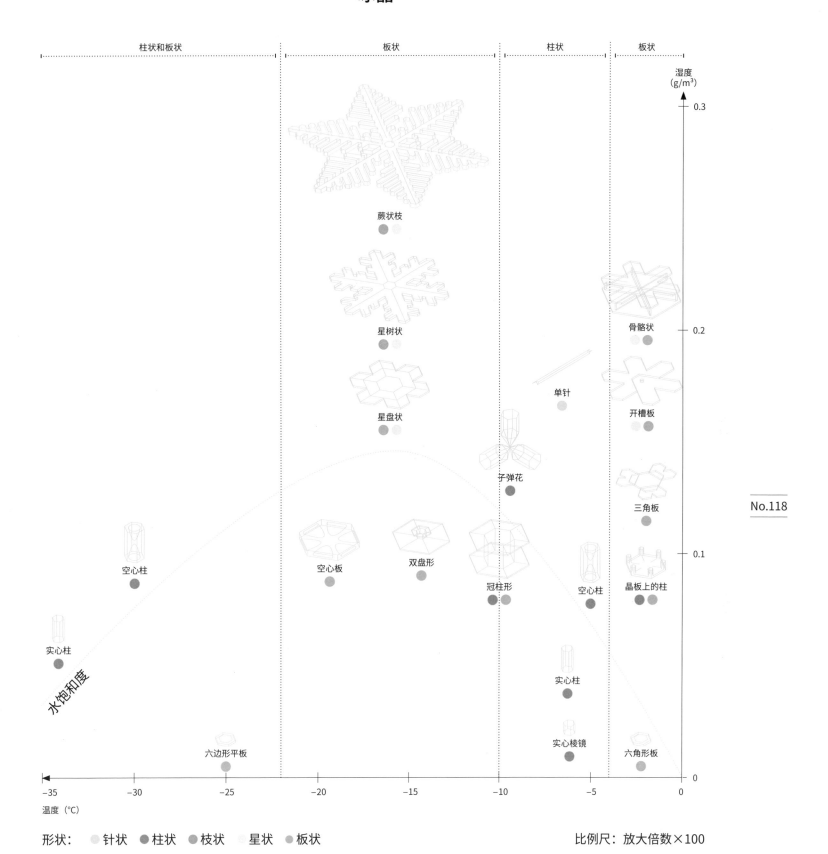

柱状和板状　　　　板状　　　　柱状　　板状

湿度（g/m³）

0.3

0.2

0.1

0

蕨状枝

星树状

骨骼状

单针

开槽板

星盘状

子弹花

三角板

空心柱

空心板

双盘形

冠柱形

空心柱

晶板上的柱

实心柱

实心柱

水饱和度

实心棱镜

六边形平板

六角形板

温度（℃）　−35　　−30　　−25　　−20　　−15　　−10　　−5　　0

形状：　〇 针状　● 柱状　● 枝状　〇 星状　● 板状

比例尺：放大倍数×100

　　"雪花"出自美国摄影师威尔逊·本特利（Wilson Bentley），他用该词来形容他拍摄了一辈子的雪花。自1885年使用带有连接显微镜的相机拍摄了第一张冰晶照片之后，他又拍摄了5 000多张照片，以此证明"没有两片雪花是完全相同的"。20世纪30年代，日本物理学家中谷宇吉郎对第一块人造雪进行了研究，使我们能在受控实验室条件下追溯从冰晶到雪花的形成路径，从而了解它们与众不同的形状。事实上，冰晶会随其遇到的天气条件不断变化。在高空云中，它们的初始形态和大小由空气的温度水平、湿度水平和水饱和度决定：在−4℃至0℃时呈薄六边形板状；−6℃至−4℃时为针状；−10℃至−6℃时变为空心柱状；−12℃到−10℃为有6个长端的晶体；在−16℃到−12℃又变为星树状。雪花由晶体聚合而成，再通过风、温度变化、阳光和雨水来塑形。

禁区

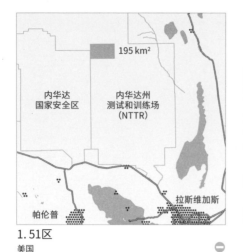

1. 51区
美国 ⊖

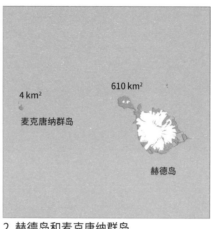

2. 赫德岛和麦克唐纳群岛
澳大利亚南极洲 ⊖〰️

3. 叙尔特塞岛
冰岛 ⊖△

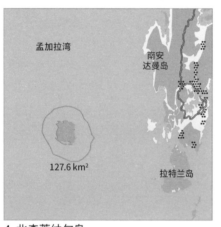

4. 北森蒂纳尔岛
印度 ⊖△

5. 委内瑞拉特普伊山
委内瑞拉 〰️

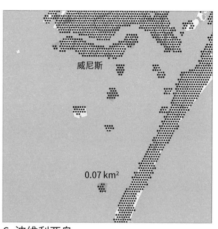

6. 波维利亚岛
意大利 ⊖

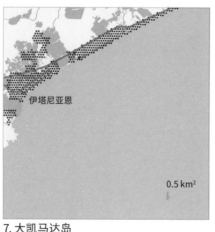

7. 大凯马达岛
巴西 ⊖△

● 禁区（面积）
○ 军事区
✻ 居民区
⊖ 禁止进入
〰️ 难以抵达
△ 危险

No.119

地球上有些地方以难以企及或禁止进入而著称。**1.** 位于内华达州沙漠中的51区藏有一个神秘的美军基地。该基地于2013年得到美国军方承认，但鲜少有人知晓基地中在进行何种活动。**2.** 19世纪，海豹猎人发现了这片无人居住的火山群岛，如今出于生态保护的需要，此地禁止靠近。**3.** 叙尔特塞岛诞生自1963年至1967年的一次火山喷发，是科学家们仔细研究的对象。**4.** 北森蒂纳尔岛是最后一个与世隔绝的狩猎－采集部落的领地，印度自2010年以来禁止群众进入该岛。**5.** 特普伊（Tepui）指平顶山脉，特殊的位置让它们人迹罕至，鲜少受到人群侵扰。**6.** 波维利亚岛承载着16世纪鼠疫肆虐的痛苦记忆。该地位于威尼斯郊外，过去用于隔离病人，16万人长眠于此，如今禁止游客进入。**7.** 大凯马达岛又称"蛇岛"，岛上有全世界最致命的蛇类。这座位于巴西的岛屿因而成为对人类来说最危险的地方，只有获批准的科学家才能访问。

卫星导航

1. 工作原理

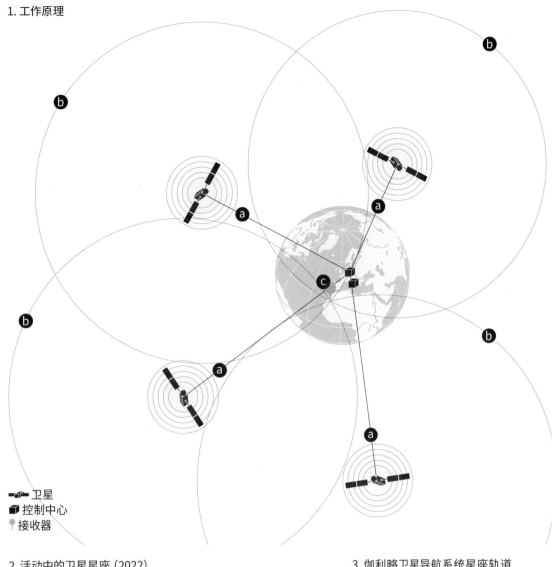

- 卫星
- 控制中心
- 接收器

a. 卫星地面导航: 精确检测和计算其在空间中的位置。

b. 恒定发射光速信号（299 792 458m/s），信号内容: 信号出发时间和卫星位置。

c. 通过导航芯片（如手机）接收信号: 识别可见卫星，测量接收器与至少4颗卫星之间的距离，将接收器与卫星星座同步，然后通过三边测量定位原理计算用户的位置。

No.120

2. 活动中的卫星星座（2022）

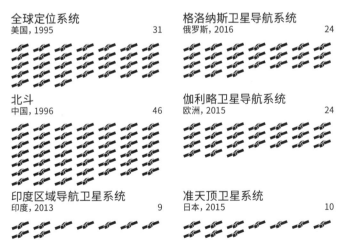

全球定位系统
美国, 1995 — 31

格洛纳斯卫星导航系统
俄罗斯, 2016 — 24

北斗
中国, 1996 — 46

伽利略卫星导航系统
欧洲, 2015 — 24

印度区域导航卫星系统
印度, 2013 — 9

准天顶卫星系统
日本, 2015 — 10

3. 伽利略卫星导航系统星座轨道

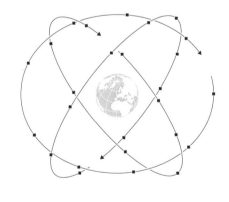

■卫星（24+6预备）

通过导航卫星星座从太空发送的信号，我们能在零点几秒内确定自己的准确位置。自1973年以来，美国国防部部署了一个由24颗卫星组成的系统，称为 Navstar GPS。全球定位系统（GPS）基于三边测量定位原理，这是一种通过测量一个点到空间中其他三个点的距离来确定该点位置的几何方法（1）。为了同步并精确定位地球上的接收器（装有导航芯片的车辆或设备），至少需要4颗都搭载原子钟（No.87）的卫星。定位的精度在1～10米，具体取决于系统类型。

卫星定位系统具有重要的战略意义，各大太空强国纷纷部署自己的卫星星座，以便在发生冲突时不受邻近卫星系统的制约（2）。这也是欧盟开发伽利略卫星导航系统的原因（3）。

地外通信

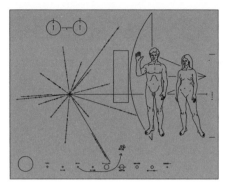

1. 先驱者镀金铝板

（美国）埃里克·伯吉斯，
卡尔·萨根，琳达·萨尔兹曼·萨根
➤ "先驱者10号"和"先驱者11号"探测器
📍 星际空间
1972和1973 ➤ 2057和2027

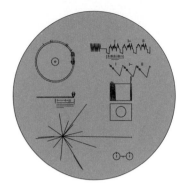

3. 旅行者金唱片

（美国）NASA，喷气推进实验室
➤ "旅行者1号"探测器和"旅行者2号"探测器
📍 星际空间
1977 ➤

Hello:
01001100011100000111111000000111111110000000000111
1111111111000000001111111111000000000000
011111111111111110000001111111111111111
1111111110000000011111111110000000011111
1100000000000000011111111111111111111111
1111111110000001111111111110000000000000
0000000001111111111111111111111111111000
00000000111111111111110000000000001111111
00000001111111111111111111111111111111111
11111111100000000
Tutorial:
11110000000011111100000001000011110011110010
1111100000110001111110000100001000011110010
00010000100011111100001000010001000011111100
10000101000011111100001000010000111111110000010
000110001000111110000100010000011111111000010000
10011000010011001001000001111110001000100100
11000111111100010010000001111110001001000100
001111111100001000010000111111100001001000010
11110000010010010000011111000100010011000101
1111110000100101000011111110010010101000011111
11000001001011000001111110000100100010001000110
11000100101000001111100001001100100011001000100
001001110000011111100010011110001111111000100
0010011100001111100010010011100010111111111000011
00111110000001111111100001001101110000011111000010

6. 声呐呼叫 GJ273b

（西班牙）IEEC（美国）METI
➤ EISCAT天线（斯瓦尔巴群岛）
📍 鲁坦b（GJ273），
小犬座
2017—2018 ➤ 2030

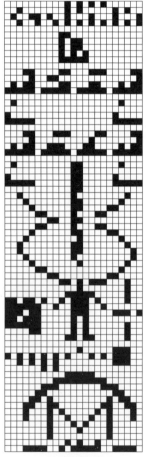

2. 阿雷西博信息

（美国）弗兰克·德雷克，卡尔·萨根（SETI）
➤ 阿雷西博射电望远镜（波多黎各）
📍 梅西耶13
（武仙座星团）
1974 ➤ 27 074

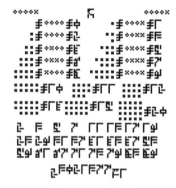

4. 宇宙呼唤1和2

（加拿大）伊万·杜蒂尔，斯蒂芬·杜马斯
（美国）邂逅小队
➤ 叶夫帕托里亚射电望远镜（乌克兰）
📍 天鹅座，天箭座，仙女座，
仙后座，猎户座，巨蟹座，
仙女座，大熊座
1999和2003 ➤ entre 2036和2069

5.《火星愿景》DVD

（美国）美国行星协会
➤ "凤凰号"着陆探测器
📍 火星
2007 ➤ 2008

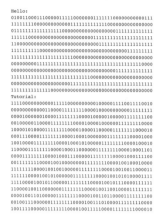

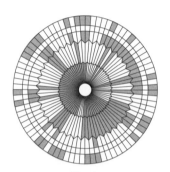

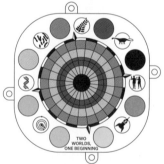

7. 降落伞和桅杆变焦相机 (Mastcam-Z)

（美国）NASA
➤ "毅力号"漫游车
📍 火星
2020 ➤ 2021

➤ 发射器
📍 目的地
发送时间 ➤ 预定抵达目的地时间

No.121

各大太空观测和探索机构都会向潜在的外星文明或未来世代发送信息。**1.**铝板上画着一个男人、一个女人、氢原子的两种状态、地球相对于脉冲星和太阳系的位置。**2.**无线电信息指出了从1到10的数字、构成生命基础的原子、DNA的结构，以及人类和太阳系的草图。**3.**金唱片上刻有风声、雷声、动物的叫喊声、婴儿的哭声、文学文本、音乐和照片，并附有使用说明。**4.**这些无线电消息由包含数学和化学的表达式、问题图形、符号和像素组成。**5.**迷你玻璃DVD上包含了讲述这颗红色星球历史的信息。**6.**"向外星高智生物发信息"组织（METI）和声呐音乐节发射了一条消息，包含问候语、数学公式、33段音乐和简化版"宇宙的呼唤"等消息。**7.**降落伞的图案加密了它的方向。火星车摄像头上的图案描绘了DNA、微生物、蕨类植物、恐龙、男人和女人、火箭和太阳系。

费米悖论

1. 不存在外星文明

假设a.
他们发展所需的环境很稀缺

假设b.
智慧很稀有

2. 存在外星文明，但尚未与我们取得通信

假设a.
星际旅行并没有那么容易

假设b.
我们还没有探测到他们的信号

假设c.
他们拒绝了我们

假设d.
他们在发育成熟之前消失了

3. 存在外星文明，他们造访过我们

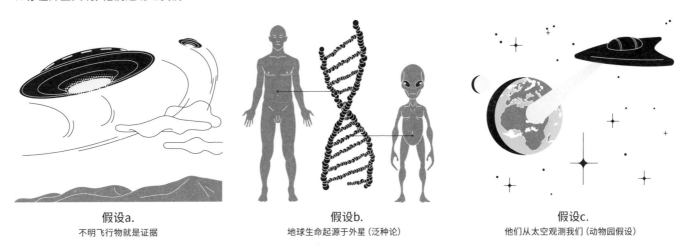

假设a.
不明飞行物就是证据

假设b.
地球生命起源于外星（泛种论）

假设c.
他们从太空观测我们（动物园假设）

　　诺贝尔物理学奖获得者、意大利科学家恩里科·费米 (Enrico Fermi) 在 1950 年提出了一个有关外星人的问题："他们在哪里？"他阐述了这个悖论：根据平庸原理——用"平平无奇"来描述我们星球的特征——以及我们所在的银河系中恒星的数量和宇宙中星系的数量，理应存在其他文明，但我们确实尚未发现。此后，人们构想了三种假设来回答费米的问题：不存在外星文明 **(1)**；存在外星文明但尚未与我们取得通信 **(2)**；存在外星文明，且在我们没有发现的情况下造访了我们 **(3)**，其原因被详述在近乎科幻小说的论文中，例如认为"我们的文明可能是被外星人设置在地球上的泛种论""在我们的星球之外存在某种生命形式乃至文明"的假想古已有之。1877 年，天文学家乔瓦尼·夏帕雷利 (Giovanni Schiaparelli) 在火星表面观察到了形如运河的条状地貌，再次唤醒了"这颗红色星球上存在文明"的流行迷思。后来，我们不断提高的观测能力证明这些"运河"只是地质构造。

萤火虫游行

解剖特征(妖扫萤属)

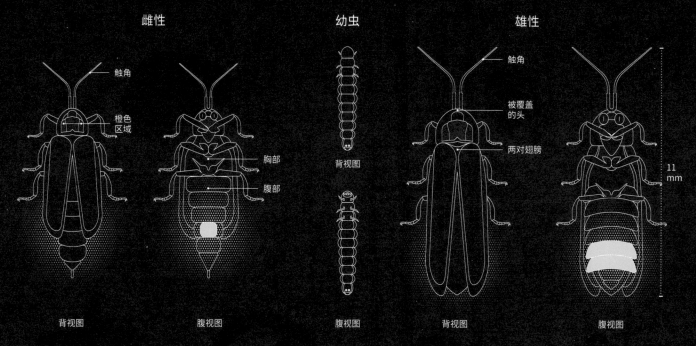

雌性　　　　　　　　　　　　幼虫　　　　　　　　雄性

触角
橙色区域

背视图

胸部
腹部

背视图

触角

被覆盖的头

两对翅膀

11 mm

背视图　　　　　腹视图　　　　　腹视图　　　　　背视图　　　　　腹视图

● 生物发光器

同步机制(求偶显示)

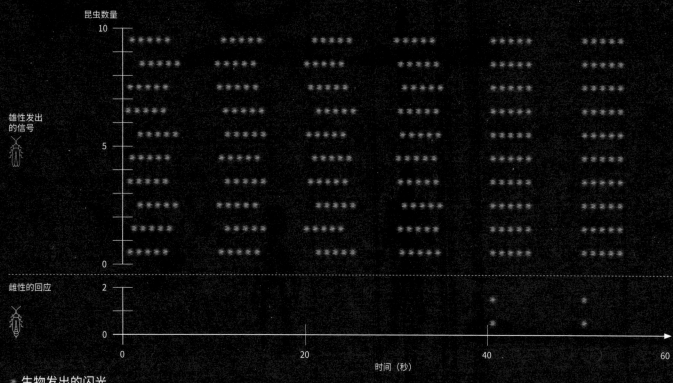

昆虫数量

雄性发出的信号

雌性的回应

时间（秒）

✴ 生物发出的闪光

黑夜来临，萤火虫通过位于腹部部分区域的生物发光器来发光。化学反应会发射光子，形成黄绿色的光信号，吸引雄性和雌性相遇、繁殖。比利时、德国和哥伦比亚的研究小组通过研究雄性萤火虫的闪光规律和雌性的回应规律来研究昆虫的求偶行为。在实验室中，一组8～10只雄性（实际上是发光二极管）发出一系列微弱的闪光，而1～2只雌性接收闪光。一旦雄性发出的信号同步，雌性就会发出两次强烈的闪光作为回应，使雄性能借助它们超大的眼睛在黑暗中找到它们的伴侣。这个实验证明了一种名为"同步—响应"的集体通信原理。这种自组织的婚姻行为也会出现在其他物种中，如蟋蟀（通过唱歌）或螃蟹（通过跳舞）。

宇宙大爆炸

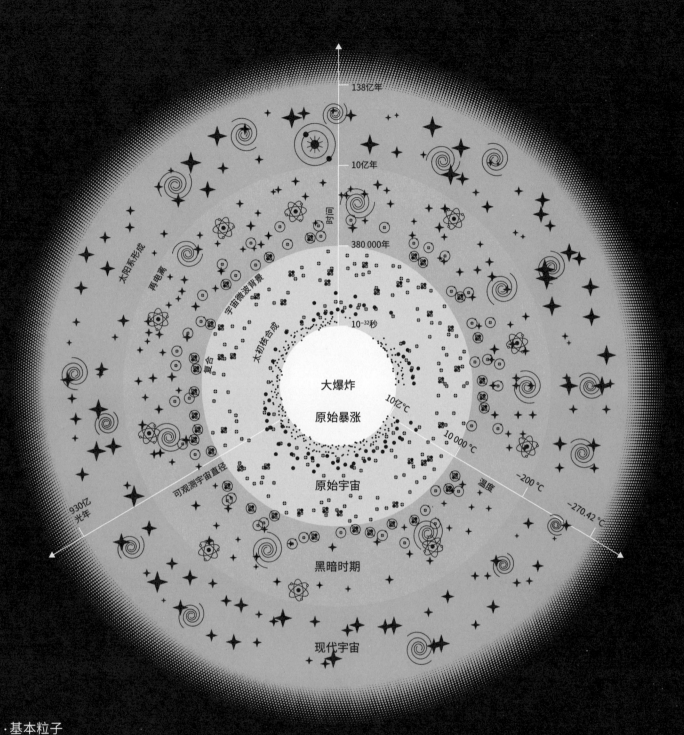

138亿年

10亿年

380 000年

10⁻³²秒

大爆炸

原始暴涨

时间

宇宙微波背景

太初核合成

复合

再电离

太阳系形成

可观测宇宙直径

温度

原始宇宙

黑暗时期

现代宇宙

10亿℃

10 000 ℃

-200 ℃

-270.42 ℃

2亿光年

· 基本粒子
(夸克、胶子、
玻色子、中
微子……)

⚛ 氦原子核

✦ 恒星

⊞ 质子

⊕ 氢原子

◉ 星系

● 中子

⚛ 氦原子

⚛ 其他原子

+ −

温度

1964年，美国天文学家阿诺·彭齐亚斯（Arno Penzias）和罗伯特·威尔逊（Robert Wilson）在研发一种新式天线时，发现总有噪声信号干扰。起初他们以为干扰源来自装置内部的杂物，但很快才意识到，他们捕捉到了宇宙射线——在宇宙尚小、炽热（约2 700℃）、密度很高的时候发出的热辐射。这就是"宇宙微波背景辐射"或"遗留辐射"，是宇宙最古老的电磁辐射，能够帮助证明不断膨胀的宇宙"大爆炸"理论。当然，宇宙显然不是诞生于一场爆炸，它起源于

138亿年前的快速膨胀。在最早的暴涨阶段，极高的能量创造了各种粒子，它们相互碰撞、相互作用。接着，在太初核合成过程中，生成了氦、氢和锂等原子核。到了复合阶段，宇宙变得足够冷，得以形成原子、恒星和星系：现代宇宙便自此诞生。

信息图列表

学科索引

生理学

研究生物体器官和组织的功能与特性。

物理学

旨在根据时间和空间定律对所有自然现象
进行建模的研究。

认知科学

对复杂系统的研究，主要结合心理学、
语言学、人工智能和神经科学。

科技

研究从最初的打火石到计算机的工具和技术。

动物学

研究自然环境中或实验室中的动物物种。

科学委员会

Abdelaziz, Youssef.
Mathématicien et épistémologue [No.21]

Appert-Rolland, Cécile.
Directrice de recherche au CNRS [No.113]

Assié, Marlène.
Chargée de recherche au CNRS [No.34]

Ayet, Alex.
Chercheur au CNRS en océanographie et météorologie [No.96]

Bardintzeff, Jacques-Marie.
Volcanologue à l'université Paris-Saclay [No.52]

Belzung, Catherine.
Professeure de neurosciences à l'université de Tours [No.16]

Biémont, Émile.
Directeur de recherche honoraire du FRS-FNRS et membre de l'Académie royale de Belgique [No.26, No.57]

Birlouez, Éric.
Ingénieur agronome, spécialiste de l'histoire et de la sociologie de l'alimentation [No.9]

Biver, Nicolas.
Chargé de recherche au CNRS, au LESIA (Laboratoire d'Études Spatiales et d'Instrumentation en Astrophysique), Observatoire de Paris – PSL [No.77]

Boisgard, Raphaël.
Chef de service du SGOF (Service de Gestion Opérationnelle des Filières) au CEA de Saclay [No.45]

Bonnal, Christophe.
Chercheur au CNES [No.12]

Boutaud, Aurélien.
Consultant et chercheur indépendant, docteur en sciences de la Terre et de l'environnement [No.104]

Bouzeghoub, Mokrane.
Spécialiste de la gestion des données, professeur émérite à l'université de Versailles, ancien directeur scientifique de l'INS2I au CNRS [No.108]

Bovet, Dalila.
Éthologue [No.14]

Buyl, Pierre de.
Physicien et scientifique à l'Institut royal météorologique de Belgique [No.48]

Cadiou, Hervé.
Maître de conférences à l'université de Strasbourg/International Space University Adjunct Faculty [No.83]

Causse-Védrines, Romain.
Vulgarisateur scientifique, assistant-ingénieur au CNRS en tant que biologiste moléculaire [No.10]

Chambon, Olivier.
Docteur, psychiatre et psychothérapeute [No.71]

Chopin, Olivier.
Chargé d'enseignement à Sciences Po et chercheur associé à l'EHESS [No.84]

Combes, Françoise.
Professeure au Collège de France, astrophysicienne à l'Observatoire de Paris [No.29, No.46, No.99]

Couzi, Laurent.
Responsable du service connaissance au pôle protection de la nature de la LPO (Ligue pour la Protection des Oiseaux) [No.1, No.27]

Curt, Thomas.
Directeur de recherche à l'Inrae d'Aix-en-Provence, équipe RECOVER [No.4]

Darrouzet, Éric.
Enseignant-chercheur à l'université de Tours [No.22]

Debarre, Thomas.
Sept fois champion de France de go et tenant du titre (2022) [No.20]

Descamps, Pascal.
Astronome au service de calculs astronomiques et de renseignements de l'Institut de mécanique céleste et de calcul des éphémérides de l'Observatoire de Paris [No.82]

Djian, Cassandre.
Médecin ORL [No.50]

Domine, Florent.
Directeur de recherche au CNRS, laboratoire international Takuvik, université Laval, Québec [No.117]

Durand, Bernard.
Ex-directeur de la division Géologie-Géochimie à l'IFPEN (Institut Français du Pétrole et des Énergies Nouvelles) [No.11]

Ferrari, Chiara.
Astronome à l'Observatoire de la Côte d'Azur et directrice de SKA-France [No.43]

Fournier, Meriem.
Inrae [No.67]

Gaie-Levrel, François.
Docteur [No.44]

Gallet, Yves.
Directeur de recherche au CNRS à l'Institut de physique du globe de Paris [No.97]

Gillet-Chaulet, Fabien.
Chercheur à l'Institut des géosciences de l'environnement [No.90]

Gronfier, Claude.
PhD HDR, chercheur neuro-biologiste de l'Inserm au CRNL (Centre de Recherche en Neurosciences de Lyon) [No.72]

Hibert, Marcel.
Professeur émérite à la Faculté de Pharmacie de Strasbourg [No.94]

Jacquemin, Bénédicte.
Chargée de recherche de l'Inserm à l'Irset (Institut de Recherche en Santé, Environnement et Travail) [No.44]

Jacquet, Emmanuel.
Maître de conférences du Muséum national d'histoire naturelle de Paris [No.3]

Jaubert, Jean-Noël.
Ancien enseignant-chercheur [No.25]

Jeanneau, Louise.
Consultante scientifique au CNRS [No.42]

Jeanson, Matthieu.
Maître de conférences en géographie au Centre universitaire de Mayotte. [No.93]

Jost, Jean-Pierre.
Biologiste [No.61]

Kriaa, Quentin.
Doctorant 2020-2023 du laboratoire IRPHE, Aix-Marseille université [No.39]

Landragin, Frédéric.
Directeur de recherche au CNRS, laboratoire Lattice [No.121]

Le Gall, Line.
Professeure au Muséum national d'histoire naturelle de Paris [No.92]

参考文献选摘

出版物

Biro, Dora, et coll.
« Chimpanzee mothers at Bossou, Guinea carry the mummified remains of their dead infants », *Current Biology*, 2010

Blaser, Nicole, et coll.
« Gravity anomalies without geomagnetic disturbances interfere with pigeon homing – a GPS tracking study », *J Exp Biol*, 2014

Bulinge, Franck, et coll.
« Le renseignement comme objet de recherche en SHS : le rôle central des SIC », *Communication et organisation*, 2018

Charbonnel, A.
Compas magnétique, présentation PDF, ENSM (École Nationale Supérieure Maritime), Le Havre, 2016

Couzin, Iain D., et coll.
« Self-organized lane formation and optimized traffic flow in army ants », *Proceedings of the Royal Society B: Biological Sciences*, 2003

Dagois-Bohy, Simon.
« Le chant des dunes, mouvements collectifs dans un écoulement granulaire », Acoustique [physics. class-ph]. Thèse, université Paris-Diderot (Paris-VII)

Environment Agency Austria & Borderstep Institute.
Energy-efficient Cloud Computing Technologies and Policies for an Eco-friendly Cloud Market, Directorate-General for Communications Networks, Content and Technology, European Commission, 2020

Falchi, Fabio, et coll.
« The new world atlas of artificial night sky brightness », *Science Advances*, 2016

Faust, Lynn.
« Life History and Updated Range Extension of Photinus scintillans (Coleoptera: Lampyridae) with New Ohio Records and Regional Observations for Several Firefly Species », *Ohio Biological Survey*, 2019

Faust, Lynn.
« Natural History and Flash Repertoire of the Synchronous Firefly Photinus carolinus (Coleoptera: Lampyridae) in the Great Smoky Mountains National Park », *Florida Entomologist*, 2010

Fournier, Meriem, et coll.
« Sensibilité et communication des arbres : entre faits scientifiques et gentil conte de fée », *Forêt nature, Forêt wallonne*, 2018

Garcimartín, Ángel, et coll.
« Experimental evidence of the "Faster Is Slower" effect », *Transportation Research Procedia*, 2014

Goldenberg, Shifra, et coll.
« Elephant behavior toward the dead: A review and insights from field observations », *Primates*, Smithsonian Conservation Biology Institute, San Diego Zoo Institute for Conservation Research, 2019

Gounelle, Matthieu.
Une belle histoire des météorites, Flammarion, 2017

Hehner, Barbara.
Blissymbols for Use, Blissymbols Communication Institute, 1980

Helbing, Dirk, et coll.
« Simulating Dynamic Features of Escape Panic », *Nature*, 2000

Kelman, Herbert C.
« Compliance, identification, and internalization three processes of attitude change », *Journal of Conflict Resolution*, Harvard University, vol. II, no.I, 1958

Kikuchi, Katsuhiro, et coll.
A global classification of snow crystals, ice crystals, and solid precipitation based on observations from middle latitudes to polar regions, Working group members for new classification of snow crystals, 2013

Lichtenegger, Erwin, et Kutschera, Lore.
Wurzelatlas mitteleuropäischer Waldbäume und Sträucher, Leopold Stocker Verlag, 2002

Landragin, Frédéric.
Comment écrire à un alien ? Quand science-fiction et sciences se rejoignent, conférence lors de la journée d'étude « Prospectives graphiques » en partenariat avec le Signe, Centre national du graphisme à Chaumont, 2020

Libbrecht, Kenneth.
Field Guide to Snowflakes, Voyageur Press, 2016

Mangin, Alain.
Représentation du système karstique, dessin, 1975

Marck, Adrien, et coll.
« Are We Reaching the Limits of Homo sapiens? », *Frontiers in Physiology*, 2017

Martin, Alexis.
Petit Guide illustré des crottes de mammifères, Club CPN des Sittelles, 1999

Marzluff, John.
Awareness of Death and Personal Mortality: Responses to Death in Corvid Birds, conférence de la série CARTA, University of California Television, 2017

Meyer, Julien.
Description typologique et intelligibilité des langues sifflées, approche linguistique et bio-acoustique, laboratoire de dynamique du langage, Institut des sciences de l'Homme, 2005

Milgram, Stanley, et coll.
« Note on the Drawing Power of Crowds of Different Size », *Journal of Personality and Social Psychology*, 1969

Milgram, Stanley.
Conformity and Independence, Alexandria (VA), Alexander Street, vidéo, 1975

Monnier, Franck.
L'Univers fascinant des pyramides d'Égypte, Éditions Faton, 2021

Mori, Masahiro.
« The Uncanny Valley Phenomenon », *Energy*, 1970

Moussaïd, Mehdi.
« Étude expérimentale et modélisation des déplacements collectifs de piétons », thèse, université Toulouse-3, 2010

Nakagaki, Toshiyuki, et coll.
« Maze-solving by an amoeboid organism », *Nature*, No.407, 2000

Ogg, James.
« Geomagnetic Polarity Time Scale », *Geologic Time Scale 2020*, Elsevier BV., 2020

Ramírez-Ávila, Gonzalo Marcelo, et coll.
« Firefly courtship as the basis of the synchronization-response principle », *Europhysics Letters Association*, 2011

Riley, Wiliam B., et coll.
« A comprehensive review and call for studies on firefly larvae », *PeerJ.*, 2021

Saigusa, Tetsu, et coll.
« Amoebae anticipate periodic events », Phys. Rev. Lett., 2008

Scotese, Christopher R.
« paleomap PaleoAtlas for GPlates
and the PaleoDataPlotter Program »,
Abstracts with Programs, vol. 48,
No.5, Geological Society of America,
2016

Scotese, Christopher R., et coll.
« Phanerozoic paleotemperatures:
The earth's changing climate during
the last 540 million years », *Earth-Science Reviews*, 2021

T. Hall, Edward.
La Dimension cachée [*The Hidden
Dimension*], Points, 1978

Toussaint, Jean-François.
*L'homme peut-il s'adapter
à lui-même ?*, éditions Quæ, 2012

Urrea, Luisfer.
*Faster is slower in pedestrian
evacuation*, Granular Lab,
University of Navarra, vidéo, 2015

Vogel, David, et coll.
« Direct transfer of learned
behaviour via cell fusion in
non-neural organisms »,
*Proceedings of the Royal Society
London*, 2016

Walcott, Charles.
« Magnetic orientation in homing
pigeons », *IEEE Transactions
on Magnetics*, 1980

Zannoni, Nora, et coll.
« Identifying volatile organic
compounds used for olfactory navigation by homing pigeons »,
Scientific Reports, no.10, 2020

Zoo Parc de Beauval
Le Figuier étrangleur, épisode
de «La série des plantes tropicales»,
vidéo, 2021

网站

acces.ens-lyon.fr/acces/thematiques/
limites/data/lunap1.pdf

aggbusiness.com

agroecologiavenezuela.blogspot.com

andra.fr

bcs.fltr.ucl.ac.be

besancon-ville-du-temps.fr

clis-bure.fr

cnes.fr

criminocorpus.org

data.apps.fao.org

esa.int

fr.wikipedia.org/wiki/Essai_nucléaire

globalfiredata.org

grottesdefrance.org

inserm.fr

iom.int

lloydslistintelligence.com

ma-chasse.com

mico.eco

nasa.gov

naturalearthdata.com

ncei.noaa.gov

odv.awi.de

openstreetmap.org

ornithopter.de

ourworldindata.org

police-scientifique.com

pontdugard.fr/fr/EPCC

regispetit.com

siaap.fr

skao.int

telegeography.com

theconversation.com/la-chimie-de-
lamour-111649

unodc.org

vims.edu

whc.unesco.org

worldwildlife.org

自然信息图

[法] 卡米耶·朱佐 著

[法] 摩根·雷比拉 [法] 科兰·卡拉代克 绘

西希 译

图书在版编目（CIP）数据

自然信息图 / (法) 卡米耶·朱佐著；(法) 摩根·雷比拉, (法) 科兰·卡拉代克绘；西希译. -- 北京：北京联合出版公司, 2024. 11. -- ISBN 978-7-5596-7949-9

Ⅰ. N91-64

中国国家版本馆CIP数据核字第202447MG43号

Phénomènes

by Camille Juzeau,
Morgane Rébulard and Colin Caradec

北京市版权局著作权合同登记 图字：01-2024-4201号

审图号：GS京（2024）1735号

出 品 人	赵红仕
选题策划	联合天际
责任编辑	高霁月
特约编辑	庞梦莎
美术编辑	梁全新
封面设计	孙晓彤

未读 探索家 DR

出　　版	北京联合出版公司
	北京市西城区德外大街83号楼9层 100088
发　　行	未读（天津）文化传媒有限公司
印　　刷	北京雅图新世纪印刷科技有限公司
经　　销	新华书店
字　　数	121千字
开　　本	1092毫米 × 930毫米 1/12 12印张
版　　次	2024年11月第1版　2024年11月第1次印刷
ISBN	978-7-5596-7949-9
定　　价	128.00元

关注未读好书

客服咨询